薛效贤　丁佐娅　李翌辰　编著

瓜类食品加工工艺与配方

GUALEI SHIPIN JIAGONG
GONGYI YU PEIFANG

U0243904

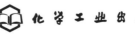

化学工业出版社

·北京·

本书简要介绍了黄瓜、冬瓜、南瓜、西瓜、苦瓜、丝瓜等十四种瓜的营养价值及有关生产、加工及利用的概况，重点介绍了利用上述瓜类为原料进行食品生产的技术。本书注重可操作性与实用性，可供我国以各种瓜类为原料的食品加工企业及从事各种瓜类食品加工技术研究的科研人员参考。

图书在版编目（CIP）数据

瓜类食品加工工艺与配方/薛效贤，丁佐娅，李翌辰编著．—北京：化学工业出版社，2019.11
ISBN 978-7-122-35123-4

Ⅰ.①瓜… Ⅱ.①薛…②丁…③李… Ⅲ.①瓜类作物-食品加工 Ⅳ.①TS219

中国版本图书馆 CIP 数据核字（2019）第 191572 号

责任编辑：张　彦　　　　　　　装帧设计：史利平
责任校对：边　涛

出版发行：化学工业出版社（北京市东城区青年湖南街13号　邮政编码100011）
印　　刷：北京京华铭诚工贸有限公司
装　　订：三河市振勇印装有限公司
850mm×1168mm　1/32　印张6½　字数159千字
2019 年 11 月北京第 1 版第 1 次印刷

购书咨询：010-64518888　　售后服务：010-64518899
网　　址：http://www.cip.com.cn
凡购买本书，如有缺损质量问题，本社销售中心负责调换。

定　　价：35.00 元　　　　　　　　　　版权所有　违者必究

前言

　　瓜类分为瓜菜和瓜果两大类，瓜菜类可作为蔬菜用，加工制作成各种美味佳肴；瓜果属于鲜果类，可以生食，热天能解暑消渴，也能制成各种饮食制品，由于它营养丰富、产量高、食用方便，深受人们的青睐。

　　由于瓜菜及瓜果中含有丰富的维生素、矿物质元素、碳水化合物、有机酸及少量的蛋白质和酶等物质，对促进人体健康、增强体质、解除大脑疲劳、加强新陈代谢、增加免疫功能、延缓衰老有着重要的作用，因此，各地区可以按其环境条件选择适应品种，加大种植，以满足消费者的需求。

　　本书介绍了各种瓜菜和瓜果的来源、营养、保健作用及制品加工技术，力求加工技术的先进性、实用性、可操作性三位一体，使广大读者更好地了解和掌握瓜类制品的作用、特点，以促进我国瓜类种植及食品加工业的创新发展。

　　由于编著者水平有限，编写中难免有疏漏之处，敬请广大读者批评指正。

编著者

目录

三、南瓜

四、西瓜

五、苦瓜

六、丝瓜

 **黄瓜**

（一）概述

黄瓜又叫胡瓜、王瓜、刺瓜，俗称青瓜等。原产于印度北部和热带潮湿森林地带，后传入中亚。西汉时期张骞从西域引入我国，迄今已有两千多年的栽培历史。目前，我国各地都有栽培，尤以河北、山东、广东、广西等地较多。南方秋冬季供应充足，由于温室大棚的发展，北方冬季市场黄瓜供应旺盛。

黄瓜因味道甘凉、口感清脆，成为人们喜食的一种蔬菜，也是世界上分布最广泛的蔬菜之一，是瓜类中食用价值较高的品种之一。

黄瓜种类较多，按其外形分类，大致分为鞭黄瓜、秋黄瓜和刺黄瓜三种。鞭黄瓜形如长鞭，无果瘤和刺毛，品质稍次于刺黄瓜；秋黄瓜表面有小棱和刺毛，皮色深绿，富有光泽，肉厚汁富，味道鲜美；刺黄瓜的表面有突起的纵棱和果瘤，瘤上生白色刺毛，肉质脆嫩，味道清香。按形态大小长短和粗细分为大黄瓜（长瓜）和小黄瓜（短瓜）两种。按皮颜色分类有深绿、黄白、黄绿色等。按其成熟期可分为早熟黄瓜和晚熟黄瓜两大类。

黄瓜肉质脆嫩，多汁而味甜，含有的营养较为丰富，含水量在90%以上，居群蔬菜之冠。每百克含蛋白质0.8克，脂肪0.2克，碳水化合物 2.9 克，粗纤维 0.3 克，灰分 0.4 克，还含有胡萝卜素、维生素 B_1、维生素 B_2、尼克酸，维生素 C、维生素 E、维生素 K，多种矿物质如钾、钠、钙、镁、铁、锌、铜、锰、磷、硒等，以及苷类、咖啡酸、绿原酸，多种游离氨基酸和挥发油、葫芦素、黄瓜酶等。

黄瓜中含有吡嗪，所以有一种青草味，黄瓜头部含有的苦味成分是葫芦素 A、葫芦素 B、葫芦素 C、葫芦素 D，其中葫芦素 C 具有抗癌作用。黄瓜中还含有一种叫陈化酶的物质，可以促进人体内蛋白质的消化吸收。一些醇、醛化合物散发出来独特的清香味。

黄瓜味甘、性凉，具有清暑止渴、清热解毒、利水消肿、润肤美容的功效。《本草纲目》载：黄瓜"气味甘寒，清热解渴，利小便"。

黄瓜中含有的维生素 E，是一种抗氧化剂，它能阻止细胞老化，可起到延年益寿、抗衰老的作用；含有的黄瓜酶，有很强的生物活性，能有效地促进机体内的新陈代谢。用黄瓜捣汁，涂擦皮肤，有润皮肤、舒展皱纹之功效。

黄瓜中含有的丙氨酸、精氨酸和谷胺酰胺可防止酒精中毒。另外含有的葡萄糖苷、果糖等不参与通常的糖代谢，故糖尿病人以黄瓜代替淀粉类食物充饥时，血糖非但不会升高，还有可能降低。维生素 B_1 对改善大脑和神经系统功能有利，能安神定志，辅助治疗失眠症。

（二）制品加工技术

黄瓜是生食的理想品，食之清脆可口。它也可凉拌、炒、熘、酿、炝、腌、酱，做汤、饮料、罐头以及多种菜肴的原配料。现将有关产品的加工方法列述于后。

1. 腌黄瓜

（1）配料

黄瓜 10 千克，食盐 3.5 千克，19 波美度盐水 300 克。

（2）工艺流程

选料→清洗→入缸腌制→翻缸散热→出缸挑选分类→再次腌制→灌汤封缸→贮存

（3）操作要点

① 选料。选取新鲜、皮色浓绿或淡绿、脆嫩、无虫害、无损伤的黄瓜。

② 清洗。用清水洗净黄瓜表面的泥沙及杂质，去掉蒂。

③ 入缸腌制。拌黄瓜和盐，按 10 千克黄瓜用盐 1.5 千克，分层放入缸内，注入盐水，每天翻缸两次，扬汤散热，促使盐溶化。开始翻缸时，须用手抄，避免折断。

④ 出缸挑选分类。两天后出缸，挑选分类。将条匀、色绿、无粉的留作甜酱黄瓜料；中等质量、比较直顺的留作酱黄瓜料；规格较差的留作切黄瓜条用。

⑤ 再次腌制。挑选分类后的黄瓜分别再次入缸腌制。入缸时，放一层黄瓜撒一层盐。按 10 千克黄瓜下盐 2.0 千克，灌满汤后封缸，贮存 10 天即腌制成功。

特点：成品碧绿、脆嫩。腌渍黄瓜，每天要翻动，使咸淡一致，用凉水浸泡，可去掉部分苦涩味。

2. 酱黄瓜

（1）配料

黄瓜 10 千克，甜面酱 2.5 千克，酱油 250 克，白糖 1.0 千克，五香粉 100 克，甘草粉、麻油各 500 克，食盐适量。

（2）工艺流程

选料→水洗→盐腌→切丝→酱制→成品

（3）制作要点

① 选料。选用新鲜脆嫩、皮色青绿、无虫害、无损伤的黄瓜为原料。

② 水洗。将选取的黄瓜用清水洗净，削去两头，控干水分。

③ 盐腌。把控干水的黄瓜，放在一洁净盆中，撒一层盐腌制，每天上下翻动一次，在一周后捞出，挤干水分。

④ 切丝。将挤干水分的黄瓜，切成 6 厘米长的粗丝，放入滚开的水中浸泡一小时，捞出沥干水待用。

⑤ 酱制。取一洁净小罐，放入甜面酱、酱油、白糖、五香粉、甘草粉调和均匀，放入黄瓜粗丝，酱制 10 天即可取出，拌麻油即为成品。

特点：黄瓜丝软脆，酱香浓厚。

3. 糖酱黄瓜

（1）配料

鲜黄瓜 10 千克，面酱 2.0 千克，食盐 500 克，五香粉 50 克，芝麻、大蒜、白糖各适量。

（2）工艺流程

选料→清洗→腌制→出缸压去水→二次入缸拌入配料→封缸→出缸→切片（或丁）→拌芝麻→成品

（3）制作要点

① 选料。选择瓜条直顺、均匀、色泽翠绿、无种子的黄瓜为原料。

② 清洗。用清水将黄瓜洗净，除去表面泥沙和杂质。

③ 腌制。将一层黄瓜一层盐，逐层下缸，腌制 3～4 天后捞出，挤压去水分。

④ 二次入缸拌入配料。挤压除去水分的黄瓜放入缸中，依次摆好，拌入各种配料后封缸。

⑤ 出缸。密封 7 天出缸，食用前将黄瓜切成片或丁，并拌入少量芝麻，即为成品。

特点：口感嫩脆、香甜、稍带蒜味。

4. 糖醋黄瓜

（1）配料

小黄瓜 10 千克，食盐 500 克，白糖 1.5 千克，醋 100 克，生姜 50 克，丁香、茴香子、豆蔻、芥菜子等少量。

（2）工艺流程

原料选择→洗涤→腌制→浸泡除盐→配料→糖醋浸泡→成品

（3）制作要点

① 原料选择。选用幼嫩短小、肉质坚实的黄瓜，剔除有病虫害、损伤、不合格黄瓜。

② 洗涤。将选好的黄瓜放入清水中充分洗涤，勿擦伤外皮。

③ 腌制。将洗净的黄瓜放入 8%～10% 的盐水中腌制至黄瓜肉质呈半透明时捞出。

④ 浸泡除盐。将腌制捞出的黄瓜，放在清水内浸泡除去多余的盐，捞出沥干。

⑤ 配料。先配好醋液，再将丁香、茴香子、豆蔻、姜丝、芥菜子等原料装入布袋浸入醋液中，加热到 80～90℃，维持 1 小时，然后加入白糖，溶化而成。

⑥ 糖醋浸泡。将沥干的黄瓜浸入配好的糖醋液中。糖的浓度为 25%，醋的浓度为 3.5%。浸入后密封，浸泡一月即为成品。在

低温下贮藏，随取随用。

特点：质地嫩脆，酸甜可口。

5. 蜜汁黄瓜

（1）配料

每 100 千克黄瓜条拌白糖 11.0 千克，辣椒糊 5.0 千克，糖精钠 75 克，蜂蜜 2.0 千克，香油 1.0 千克。

（2）工艺流程

原料→切条→脱盐→装袋→榨水→调制→成品

（3）制作要点

① 原料。使用瓜坯（酱黄瓜加工中进行盐腌后的黄瓜）直接进行加工，以 12 条/千克为宜。

② 切条。将黄瓜坯先切成 4～6 瓣，再切成长 6 厘米的段。

③ 脱盐。将瓜段泡在缸或池中 24～48 小时，中间换水 3～4 次，把多余的盐分洗泡出去。

④ 装袋。把脱过盐的小段瓜条装入布袋，约占袋容积的 3/4，不可过满，以利于榨水。

⑤ 榨水。将装有瓜条的布袋放在压榨器上用力下压，逐渐加压，直至把水挤干。

⑥ 调制。先将各种调料兑在缸内，充分搅拌后，将瓜条放入调料中腌 48 小时，即为成品。

特点：黄瓜条为黄绿色，瓜条上拌有红辣椒块，十分悦目。风味香、甜、辣、咸、鲜，有突出的蜂蜜和香油味，引人食欲。

6. 甜酱黄瓜

（1）配料

鲜嫩秋黄瓜 50 千克，粗盐 25 千克，天然面酱（采用传统方法生产的面酱）50 千克。

（2）工艺流程

选料→清洗→腌制→洗盐→酱制→成品

（3）制作要点

① 选料。选用短小幼嫩、肉质坚实的黄瓜，剔除伤烂、有病虫害、不合格瓜。

② 清洗。将选好的黄瓜放入清水充分洗涤，除去瓜表面泥沙和杂质，切勿擦伤外皮。

③ 腌制。清洗后的黄瓜，下缸时一层黄瓜一层盐，入缸码好，等卤与黄瓜相平时，再用竹针扎眼。晚间把黄瓜晾在席上，散热及夜露，第二天再放入原缸，连续三次后，再倒缸一次，用盐码好，不带卤封缸。

④ 洗盐。把腌好的黄瓜用水浸出盐分，出缸控干，日晒至减少水分 30% 左右再装入口袋。

⑤ 酱制。装袋的黄瓜入缸，下酱，每袋重 2.5 千克。一层瓜袋一层酱，每天串两次缸，15～20 天即成。

特点：外表碧绿色，内心呈红色，口感清香，味甜。

7. 香辣脆黄瓜

香辣脆黄瓜是以新鲜的黄瓜、辣椒为原料，辅以花生油、香料等腌制而成的一种美味黄瓜新产品。该产品具有香、辣、脆等特点，集营养与保健于一体。

（1）配料（以 100 千克原料计）

花生油 5.0 千克，酱油 35 千克，八角 0.05 千克，花椒 0.05千克，味精 0.6 千克，食盐 5.0 千克，生姜片 8.0 千克，蒜片 8.0千克，白糖 5.0 千克，白酒 5.0 千克，水 15 千克。

（2）工艺流程

选料→清洗→切分→烫漂→腌制→成品

（3）制作要点

① 选料。选用新鲜的黄瓜和辣椒，用量为 1∶1。

② 清洗。用清水将黄瓜、辣椒表面的泥沙等杂质洗涤干净即可。

③ 切分。黄瓜先纵切为四瓣后再切分成 5～6 厘米长即可。辣椒先纵切为两半，然后去蒂及种子即可。

④ 烫漂。将切分好的黄瓜、辣椒放入沸水中烫漂 1 分钟即可。

⑤ 腌制。按配料比例将花生油放锅中加热至冒白烟时，加入配料中的花椒、八角、姜片，然后依次加入酱油、盐水、白酒、白糖、味精、蒜片，加热至沸，并保持 3～5 分钟，冷却，即为腌制液。

将烫漂后的黄瓜、辣椒放入腌缸中，加入腌制液，再用竹算子将其烫漂物压入液面以下，腌制 5～7 天即可。

特点：黄瓜深绿色，辣椒浅绿色。香辣可口，具有香辣黄瓜特有的滋味及气味，无异味。

8. 泡黄瓜

（1）配料

黄瓜 5.0 千克，红干辣椒 100 克，花椒 150 克，食盐 200 克，白酒 50 克，姜 150 克，红糖 100 克。

（2）工艺流程

选料→清洗→切条→装坛→密封→泡菜

（3）制作要点

① 选料。选择小嫩青黄瓜（旱黄瓜）为原料。

② 清洗。将选好黄瓜用清水洗涤干净。泡菜坛用水洗净，再用净布擦去水分，必要时用酒精擦洗消毒。

③ 切条。把洗净的黄瓜晾干，切去两头，平剖成两半，剜去瓜瓤，切成 6 厘米长、1 厘米宽的条。红辣椒洗净，去柄去籽，切成 1 厘米宽的长条。

④ 装坛。经消毒后的坛中注入凉开水，水量控制在泡菜坛一半，加入食盐、花椒、姜、白酒、红糖调制成泡菜卤。将黄瓜条和红辣椒条两种原料放入泡菜坛内，盖上坛盖，坛沿内加入清水封闭。一般需 5～7 天就可制成泡菜。

取菜食用时，先将整个瓦钵旋转一下，以迅速动作揭开盖子，防止坛沿的生水带入卤汁中，用洗净的不粘油腻的筷子取出黄瓜条、红辣椒条，拌上麻油，装盘上桌食用。

特点：色泽鲜艳，口味鲜香脆嫩，微酸爽口，系四川著名的泡菜。

要点：泡菜中若带入油腻要变味。初次的泡菜，口味较差，泡卤越陈越好，泡出的菜也越香。随泡随加入适量盐，以保持适当盐味。如果泡卤产生白膜，立即加点红糖或白酒，即可散去。泡菜坛要放在凉爽处，冬天可放屋内。

9. 黄瓜饮料

（1）配料（以 1000 升黄瓜饮料计算）

黄瓜 400 千克，白糖 80 千克，柠檬酸 1.5 千克左右。

（2）工艺流程

选料→清洗→破碎→加热→榨汁→加热→过滤→调配→脱气→杀菌→灌装→杀菌→冷却→成品

（3）制作要点

① 选料。选择新鲜、大小均匀、水分含量高的黄瓜。剔除有

病虫害、腐烂变质黄瓜，去掉黄瓜柄把部分，以免带入苦味物质。

② 清洗。采用洗涤剂把黄瓜清洗一遍，再用清水漂洗 2～3 遍，并用软水漂洗一遍。

③ 破碎。将清洗的黄瓜放入破碎机中进行破碎，破碎时加水量以 1∶1 左右为宜。

④ 加热。将破碎获得的浆液在 80℃ 条件下加热 10 分钟，使细胞充分破碎，提高出汁率。

⑤ 榨汁、加热。将加热的浆液利用榨汁机进行榨汁。余渣用少量水搅拌悬浮，进行二次榨汁。把两次榨汁得到的浆液在 85℃ 条件下加热 10 分钟，使大颗粒物质充分变性凝聚。

⑥ 过滤。所得浆液利用 100 目滤网进行过滤，过滤时动作要轻缓，否则变性大颗粒物质很难完全过滤掉。

⑦ 调配。将黄瓜汁、白糖、柠檬酸加到配料缸中，充分搅拌均匀，利用软化水定量至 1000 升即成。

⑧ 脱气、杀菌。将调配好的饮料在 12.5 千帕的压力下进行脱气，然后在 131℃ 瞬时杀菌 3～4 秒，出料温度为 60℃。

⑨ 灌装、杀菌、冷却。把经过瞬时杀菌后的黄瓜饮料装入已消毒的空罐中，立即进行封罐，并在 85℃ 条件下杀菌 30 分钟。杀菌后，冷却到 40℃ 以下，经检验合格者为成品。

特点：产品呈微黄色，具有黄瓜清香味，酸甜适口，无蔬菜煮熟后的滋味，长期静置后允许有微量沉淀。

10. 带肉黄瓜汁饮料

（1）配料

黄瓜 15%，梨 5%，白砂糖 5%，蛋白糖 0.04%，增稠剂 0.2%，维生素 C 0.1%，酸梨汁适量，其余为水。

（2）工艺流程

均质 → 超高温瞬时杀菌 → 灌装 → 灭菌 → 冷却 → 成品

（3）制作要点

① 原料选择、清洗。挑选品质新鲜、组织脆嫩、多汁的原料，剔除病虫害瓜果，利用清水充分清洗干净。

② 预处理

a. 黄瓜切除两端瓜蒂并去皮，切分成3～5厘米厚的片状，在醋酸锌溶液中进行漂烫护色处理。漂烫护色条件为：pH 值 8.5，锌离子浓度 150～200 毫克/升，温度为 100℃，时间 2.0 分钟左右。漂烫护色后将黄瓜捞出，利用清水洗净，经过冷却后送入打浆机中打成浆备用。

b. 梨经清洗后，去皮，去核，切分成3～5厘米厚的片状，在沸水中热烫 30～60 秒。然后送入打浆机，用热水打浆，保持物料在 80～85℃以上完成打浆过程，迅速冷却待用。

③ 调配、胶磨。按照配料进行调配。增稠剂利用糖粉分散、热水溶胀后，与各种原辅料在配料锅内完成调配，由于配料后的料液中果肉颗粒较粗，同时存在未完全溶胀的增稠剂颗粒，如果直接进行均质，容易因颗粒堵塞而造成均质机带压空转，损坏设备，影响均质的正常进行。因此，调配结束后必须经过胶体磨处理，才能顺利进行均质处理。

④ 脱气。物料均质前后，分别要进行脱气处理。第一次脱气采用排气的方式，物料加热到 60～70℃，保温 10～15 分钟；第二次脱气采用 0.08 兆帕真空脱气。

⑤ 均质。脱气后物料采用两次均质。第一次均质压力为 15 兆帕；第二次为 30 兆帕。

⑥ 超高温瞬时杀菌。料液经过二次均质后进入超高温瞬时灭菌机，于 131℃灭菌 15 秒。

⑦ 灌装、灭菌。料液保持在 60℃以上进行热灌装，然后封盖。将灌装好的饮料于 100℃灭菌 15 分钟。灭菌结束后经过冷却，检验合格者为成品。

特点：成品饮料为浅绿色，无杂质，无异味，具有黄瓜和梨的香味。

11. 黄瓜芦荟复合饮料

（1）配料

黄瓜汁 9 升，芦荟汁 2 升，白糖 1.2 千克，黄原胶、柠檬酸、乙基麦芽酚适量。

（2）工艺流程

原料选择及预处理 → 漂烫、护绿 → 打浆 → 过滤 → 黄瓜汁 / 芦荟汁 →

调配 → 均质 → 脱气 → 灌装 → 杀菌 → 检验 → 成品

（3）制作要点

① 原料选择及预处理

a. 黄瓜。选择饱满、新鲜质嫩、无病虫害、无损伤的黄瓜为原料，利用清水将其表面清洗干净。

b. 芦荟。选用新鲜、饱满、色绿、肉质肥厚叶片、无病斑、无虫害的芦荟，同样利用清水将其表面清洗干净。

② 漂烫、护绿。黄瓜和芦荟分别进行切片，然后加入护色剂，调节适宜的 pH 值，选择适宜的温度和漂烫时间进行处理。漂烫的目的是软化组织，阻止叶绿素褪色或褐变，利于色素和风味物质渗出，提高出汁率，同时也有助于除去苦味物质。

a. 黄瓜漂烫的条件为：温度 90℃，时间 3～5 分钟，在此条件下黄瓜的色泽最好，护色的效果最佳。

b. 芦荟护色的条件为：放入浓度为 0.8％的氯化钙溶液中，pH 值为 8.2，温度保持在 80℃，时间为 3 分钟。

③ 打浆、过滤。将经过漂烫护绿处理的黄瓜和芦荟分别送入打浆机中进行打浆，然后经过滤取得黄瓜汁和芦荟汁。

④ 调配。按配料规定进行调配。稳定剂先加水加热溶化。调配时先将原料汁进行混合，然后加入白糖、柠檬酸、乙基麦芽酚以及溶化的稳定剂溶液，充分混合均匀。

⑤ 均质、脱气。将上述混合均匀的饮料送入均质机进行均质。一般均质压力为 10 兆帕左右。然后送入真空脱气机中，在 95 兆帕压力下脱气 15～20 分钟。

⑥ 灌装、杀菌。脱气后的饮料要立即进行灌装、密封。在 90℃的条件下杀菌 30 分钟，最后迅速冷却，检验合格者为产品。

特点：成品淡绿色，具有清新的黄瓜香气，香气柔和协调，具有黄瓜汁和芦荟汁的滋味，酸甜爽口。产品半透明，流动性好，无沉淀，不分层，口感好。

12. 黄瓜汁饮料

（1）配料

黄瓜，琼脂（或明胶），白砂糖，柠檬酸，羧甲基纤维素钠，山梨酸钾。

（2）工艺流程

选料→清洗→修整→破碎→预煮→榨汁→粗滤→澄清→精滤→调配→脱气→均质→灌装→冷却→成品

（3）操作要点

① 选料、清洗。选用八九成熟、组织嫩脆、肉质新鲜、呈绿

色或深绿色、无病虫害的黄瓜为原料。用清水冲洗干净表面泥沙和其他污物。

② 修整、破碎。将洗净沥干水分的黄瓜切去两头，再破成1～2毫米的碎粒。

③ 预煮、榨汁。将破碎的黄瓜碎块放入80℃热水中，预煮泡2分钟，然后迅速冷却至室温，送进榨汁机榨汁。

④ 粗滤。榨汁液经过40目过滤器过滤。

⑤ 澄清、精滤。粗滤液放入密闭容器中加入0.1%琼脂或明胶，静置4小时，然后取上层清液再一次过滤。

⑥ 调配、脱气、均质。按配方加入8%～10%白砂糖，0.1%～0.3%柠檬酸，0.2%～0.3%羧甲基纤维素钠，0.05%的山梨酸钾，搅拌均匀，真空脱气，然后用$15×10^6$帕的高压均质机均质。

⑦ 杀菌、灌装。用瞬间灭菌器，在86～93℃灭菌50秒钟。杀菌后的果汁趁热装罐，密封后迅速冷却至室温，擦干入库检验包装。

特点：制品为绿色或浅绿色，口感清新凉爽，具有黄瓜特有风味，无异味，浑浊均匀，允许长期放置后底部有少许沉淀。

13. 黄瓜冰淇淋

（1）配料

黄瓜浆15%，白砂糖14%～15%，麦芽糊精1.0%～1.5%，全脂奶粉7%～8%，人造奶油5%，玉米淀粉2%，大豆蛋白粉1.5%～2.0%，单甘酯0.5%，羧甲基纤维素钠0.3%，碳酸氢钠。

（2）工艺流程

选料→清洗消毒→破碎→热烫→胶磨→配料→杀菌→均质→冷却→陈化→凝冻→灌装→迅速硬化→冷藏

（3）操作要点

① 选料、清洗消毒。选用新鲜质嫩、无腐烂的黄瓜，浸泡于水中，冲洗干净后，再浸入 0.01％高锰酸钾液中消毒，然后漂洗并沥去水。

② 破碎、热烫。用切片机将黄瓜切成片。夹层锅中放入与黄瓜等量的水，煮沸后放入黄瓜片，同时加入 0.2％碳酸氢钠，充分混匀，待水煮沸，黄瓜片煮透变软，即可停止加热，捞出速冷。

③ 打浆。将黄瓜同汁送入胶体磨中磨成均匀细腻的浆料。

④ 配料。先将单甘酯、羧甲基纤维素钠拌入砂糖中，混合均匀。糊精和淀粉用适量水溶化并搅拌均匀，再向混料缸中加入适量水，并升温，依次加入白砂糖混合物、奶粉、糊精、淀粉和大豆蛋白粉，边加边高速搅拌，使其充分溶解，再投入人造奶油，继续加热并定容。混合料加热到 70～75℃保持 20 分钟，使混合料充分溶解和糊化。

⑤ 杀菌、均质。杀菌温度为 85℃，时间 15 秒钟后，在 65℃，压力为 $(1.7～1.8)×10^6$ 帕条件下均质。

⑥ 冷却、陈化。均质后的料液经板式交换器，冷却到 40℃左右，入缸陈化与黄瓜浆充分混合，在 0～4℃下陈化 4～6 小时。

⑦ 凝冻。陈化成熟的物料，送进连续式凝冻机进行凝冻膨胀，要求膨胀率 90％以上。

⑧ 灌装。调节好灌装量，将制好的物料（冰淇淋）灌入杯、盒或蛋卷等容器中，送入冷冻机或速冻库硬化。

⑨ 冷藏。硬化后的产品放在－18℃以下冷库中贮存。

特点：制品色泽淡绿，口感细腻，无粗糙冰晶、无收缩，有黄瓜自然清香味。

14. 黄瓜果冻

（1）配料

黄瓜，蛋清，白砂糖，柠檬酸，明胶，琼脂，山梨酸钾。

（2）工艺流程

选料→清洗→破碎→预煮→榨汁→过滤→澄清→调整→装盒→密封→杀菌→冷却→成品

（3）制作要点

① 选料、清洗。选用成熟好、组织嫩脆、肉质新鲜、呈绿色或深绿色、无病害黄瓜为原料，用清水冲洗干净表面泥沙及其他污物。

② 破碎。洗净控干水分的黄瓜切去两头的瓜蒂及果柄，用破碎机破碎。

③ 预煮、榨汁。破碎的黄瓜放入90℃热水中预煮2分钟，然后冷却至室温送入榨汁机榨汁。

④ 过滤、澄清。用滤布过滤或用离心机过滤。过滤后的滤汁加入1/1000比例的蛋清充分搅拌，静置7～8小时，取上层澄清瓜汁。

⑤ 调整、装盒、密封。将25％白砂糖、0.2％柠檬酸、0.6％明胶和0.4％琼脂、0.05％山梨酸钾加热溶解后与黄瓜汁调配，加热至85℃左右，然后装入耐热性塑料食品盒中，迅速杀菌30分钟，然后水冷至室温。

特点：制品色泽绿色或深绿色，具有果冻应有香气和滋味，酸甜适口，入口有刺激和清凉感，无异味，组织均匀，半透明，无杂质存在。

15. 黄瓜罐头

（1）配料

黄瓜，10％醋酸，白糖，食盐，防腐剂，胡椒粉，红辣椒。

（2）工艺流程

选料→清洗→去皮→切片→浸泡→配汤汁→装罐→排气→密

封→杀菌→冷却→擦干入库→检验→成品

（3）制作要点

① 选料、清洗。选用肉质鲜嫩、无机械损伤、无虫斑、无腐烂的黄瓜为原料，用清水冲洗干净。

② 去皮、切片、浸泡。清洗后的黄瓜浸入沸水中烫 2 分钟，再放入 15％的碱水中泡 3 分钟，然后去皮，用清水冲洗干净，再切成 3～5 毫米厚的薄片浸入 3％盐水中，泡 2～3 小时，捞出沥干水。

③ 配汤汁。水 100 千克；醋酸 25～27 千克（10％）；白糖 2～3 千克；食盐 3.8 千克；防腐剂 0.1 千克；按每 100 千克黄瓜再拌入胡椒粉 20～30 克、红辣椒 44 克。

④ 装罐、排气、密封。净重 425 克的罐头，应装黄瓜片 320 克，其余为汤汁。采用蒸汽加热排气，待罐中心温度达 80℃以上时，立即封口，也可用真空封罐，要求真空度达（50～53）×10^3 帕。

⑤ 杀菌。采用 85℃热水杀菌 20 分钟，分段或喷淋冷却到 38℃，擦干罐瓶入库，存放一周，检验合格后包装。

特点：制品果肉淡绿色或绿色，色泽一致，具有黄瓜特有风味，汤汁透明，无异味。

16. 酸黄瓜罐头

（1）配料

黄瓜，胡椒、红辣椒、芥籽、茴香籽等香料，洋葱，食盐，白糖，冰醋酸。

（2）工艺流程

选料→清洗→切段→热烫→配香料水→配填充液→装罐→排气→密封→杀菌→冷却→检验→包装

（3）制作要点

① 选料、清洗。选用幼嫩瓜条，直径 4 厘米左右，粗细均匀，无损伤腐烂和病虫害及无刺品种鲜黄瓜。

② 切段。按装罐要求切段。

③ 热烫。切段黄瓜放入 85～90℃热水中热烫 1～2 分钟。

④ 配香料水。将胡椒、红辣椒、芥籽、茴香籽等剔除杂质，清水洗净，洋葱去皮切成小条，然后加入水 10 千克一同煮沸 30 分钟，过滤得香料水。

⑤ 配填充液。取食盐 2.5 千克，白糖 2.7 千克，放入 455 千克沸水中搅拌溶解后加入香料水、食用冰醋酸 0.95 千克，过滤调整总量到 60 千克。

⑥ 装罐。750 克罐装黄瓜 450 克，填充液 300 克。

⑦ 排气、密封、杀菌。采用蒸汽加热排气，至罐中心温度达 85℃，立即取出封口。沸水杀菌，分段冷却至 38℃，擦干罐身入库一周，检验合格，包装即成。

17. 黄瓜低糖果脯

（1）配料

黄瓜，硬化剂，护色剂，糖液。

（2）工艺流程

选料→清洗→切段、去心→硬化、护色→渗糖、浸糖→烘烤→包装→成品

（3）制作要点

① 选料、清洗、切段、去心。选取细嫩直径在 3.3 厘米以上的青色黄瓜，充分清洗干净后，横切成约 4 厘米长的段，用口径 1.5～2.0 厘米的圆筒形捅心器去除瓜段的瓜心，并用刀片在瓜段周围纵切若干条纹，深度为瓜肉 1/2 左右。

② 硬化、护色。将处理好的原料投入饱和澄清的石灰水中浸泡 6～8 小时，再放入含 2％明矾和含微量叶绿素铜钠盐的溶液中浸渍 4 小时，捞出沥干水分。

③ 渗糖、浸糖。将沥干水的黄瓜段放在事先用 30％葡萄糖或淀粉糖浆和 70％白砂糖配成的 45％～50％糖液中，进行真空渗糖 1 小时，再放入 50％糖液中浸渍 10～12 小时。

④ 烘烤。把糖渍好的黄瓜段捞出，沥净糖液后均匀放在烘盘中，送入烘房，在 65～70℃下烘至柔韧、不粘手时为止。然后用复合铝箔塑料袋进行真空包装，即为成品。

特点：制品色泽青色，透明有光泽，瓜味纯正，酸甜适口，无异味，脯形扁平，质地柔韧，外形完整，组织饱满，总糖量 ＞45％。

18. 黄瓜菠萝软糖

（1）配料

黄瓜浆 20％～30％，菠萝浆 5％～10％，琼脂 1.5％，白砂糖 20％～25％，果葡糖浆 35％～40％，柠檬酸 0.2％～0.3％。

（2）工艺流程

黄瓜浆 ┐
　　　├→ 配料 → 熬制 → 冷却 → 成型 → 干燥 → 包装 → 成品
菠萝浆 ┘

（3）制作要点

① 黄瓜浆。选择新鲜无病虫害黄瓜，洗净去皮、破碎，用打浆机打成浆，再用高压均质机均质备用。

② 菠萝浆。选用鲜菠萝，洗涤去皮、破碎，用打浆机打成浆后，再用高压均质机均质后备用。

③ 配料、熬制。取琼脂用温水泡胀，加热溶解后加入白砂糖

溶解过滤，再将黄瓜浆、果葡糖浆一起熬制，接近终点时，加入菠萝浆和柠檬酸熬制，温度控制在 100～105℃时，待糖液用手指张合时，能捏成糖丝，即为熬糖终点。

④ 成型、干燥。将熬好的糖液进行预冷后倒入涂抹过少量植物油的清洁冷盘中，保持一定厚度，待糖液冷成冻状时，用刀切成块。整形，表面裹少量糯米粉，放在铁丝盘上或木盘上，送入干燥箱中烘干，温度控制在 36～38℃，时间约 36 小时，干燥至不粘手时，可包装。

特点：制品色泽呈均匀的浅绿色或浅黄色，滋味酸甜适口，有菠萝和黄瓜的甘香味，组织细腻，柔软有弹性，无杂质，透明有光泽。含水量 17%～19%，还原糖 35%～40%。

二、冬瓜

（一）概述

冬瓜又名为白瓜、枕瓜、寒瓜、水芝等，原产于东印度和我国南部地区，广泛分布于亚洲的热带、亚热带及温带地区。我国早在秦汉时期就有栽培记载，现在主产于河南、山东、安徽等地。因瓜皮表面有一层白霜似的白粉物质，古时叫水芝、地芝，又因白粉状物质颇像冬天所结的白霜，又叫白瓜。因其形状长圆，类似过去的枕头，故又称枕瓜。

冬瓜果实一般个体硕大，呈圆形、扁圆形或长圆形。其大小形状因品种不同而异。多数品种在幼果期长茸毛，成熟时茸毛清退，果实皮呈绿色、坚厚，瓜肉肥白、致密，果皮外表面有白色脂粉，形状端正，皮无斑点和外伤。皮不软，较硬，是夏秋季人们理想的蔬菜之一。外皮及籽可以入药。

冬瓜不含脂肪，含钠、糖也低，每百克冬瓜肉中含水分95％，含蛋白质0.4克、碳水化合物1.8克、粗纤维0.4克、灰分0.3克、胡萝卜素0.3毫克，而且还含有维生素A、维生素B_1、维生素B_2、维生素B_6、尼克酸、维生素C、维生素E、维生素K、泛酸、叶酸，还含有矿物质钾、钠、钙、镁、铁、锌、铜、锰、磷、硒，并含有丙醇二酸，能抑制人体内糖类转化为脂肪。因此，冬瓜是理想的减肥食物，可防止人体发胖，增进体型健美。

冬瓜中含维生素C较多，且钾含量高，钠低，故有利尿作用。肾脏病、浮肿、糖尿病患者食用，可达到降压、消肿作用，而且不伤正气。

冬瓜味甘，性微寒，无毒。具有消暑、清热化症、利尿消肿、除烦止渴、清热养胃、减肥解毒、荡涤肠内秽物的功效。对于动脉硬化、冠心病、高血压、腹胀等病有良好的治疗作用。冬瓜适宜肾病水肿、脚气病、肝硬化脱水、糖尿病、高血压、动脉硬化、冠心病、肥胖以及缺乏维生素C者多食。对矽肺病有防治作用，对产妇有催乳作用。

《本草纲目》载："冬瓜味甘而性寒，有利尿消肿，清热解毒，清胃降火及消炎之功效"。《袖珍方》说："痔疮肿痛，冬瓜煎汤洗之"。至于暑天用冬瓜、鲜荷叶煮水饮用，沁人心脾，更是消暑解渴食品。

冬瓜的肉、瓜皮、瓜瓤、瓜籽、瓜叶均可药用。

（二）制品加工技术

冬瓜肉白，味清淡爽口，疏松多汁，独具清香。适用于酱、腌、泡方法成菜，还可用于烧、烩、扒、炒、做汤、饮料、罐头以及制作造型菜等。

1. 酱制冬瓜

（1）配料

冬瓜 10 千克，食盐 4.8 千克，甜面酱适量。

（2）工艺流程

原料选择→削皮、去瓤→切分→腌制→切条→浸泡→沥水→酱

制→成品

（3）制作要点

① 原料选择。选取肉厚皮薄、绿嫩、成熟适中的大冬瓜为原料。

② 削皮、去瓤、切分。选取的冬瓜削去皮洗净，再分切成两半，挖去瓜瓤和瓜籽。

③ 腌制。切分两半的冬瓜放入大桶或缸中腌制。第一次加食盐按 10 千克冬瓜加 1.0 千克食盐的比例，放一层冬瓜撒一层盐，每天倒一次缸，腌制两天，捞出沥去水分；第二次加食盐腌制时，每 10 千克冬瓜加 3.8 千克食盐，放一层冬瓜撒一层盐，每天倒缸一次，腌 10 天后捞出沥水。

④ 切条、浸泡。捞出、沥水的冬瓜块切成长 3.5 厘米、宽 2.0 厘米的条，放入清水缸中浸泡 3 天，每天换水一次。

⑤ 沥水。浸泡好的冬瓜条捞出，沥去水分。

⑥ 酱腌。沥干水的冬瓜条装入缸中，放入甜面酱腌制，每天翻动一次，7 天后取出，即为成品可食用。

特点：制品酱红色，质地柔嫩，味道咸甜，系家庭风味腌菜。

2. 五香冬瓜条

（1）配料

冬瓜 100 千克，食盐 6.0 千克，甜面酱 16 千克，五香粉、糖精各适量。

（2）工艺流程

选料→清洗→去皮、去瓤→切分→腌制→酱制→成品

（3）制作要点

① 选料。选取新鲜、充分成熟、无病虫害、肉质紧密肥厚的冬瓜为原料。

② 清洗。用流动清水洗净冬瓜外表皮上的泥土、杂质、残留农药及白霜。

③ 去皮、去瓤。采用机械或人工去皮，然后用刀将冬瓜切成两半，用半弧形刮刀刮去冬瓜籽和瓤。

④ 切分。去皮、去籽、去瓤的冬瓜切分成长 3.0 厘米、宽 1.5厘米、厚 1.5 厘米的条。

⑤ 腌制。第一次腌制 100 千克冬瓜条用食盐 3.0 千克，装坛，每天翻动一次，三天后除去盐水，再加食盐 3.0 千克，翻动两次，用洗净的石头压两天即成。

⑥ 酱制。将腌好的瓜条捞出，沥去盐水，再放入有糖精和五香粉的甜面酱中，搅拌均匀，并每天翻动一次，经 7 天后取出，即为成品。

特点：制品色泽酱黄，质地柔嫩，味香甜。

3. 泡冬瓜

（1）配料

冬瓜 20 千克，一等老盐水 12 千克，食盐 400 克，红糖 200克，白酒 60 克，石灰 500 克，醪糟汁 100 克，干红辣椒 500 克，大葱 500 克，香料包 1 个。

（2）工艺流程

选料→去皮、去瓤→切分→浸渍→晾干→装坛→泡制

（3）制作要点

① 选料。选用新鲜、肉质紧密肥厚，充分成熟，无病虫害，成长良好的冬瓜。

② 去皮、去瓤。将冬瓜削去皮，剜去瓜瓤，洗涤干净。

③ 切分。去皮冬瓜用竹签戳若干小孔，切成 10 厘米长、6～7厘米宽的长方块。

④ 浸渍、晾干。盆内放石灰加清水调匀，放入冬瓜块浸渍 1 小时，捞在清水中浸泡约半小时，换水 2～3 次透去石灰味，预处理 3 天，捞起，晾干附着的水分。

⑤ 装坛、泡制。将各种料调匀装入坛内，放入冬瓜块、大葱及香料包，盖上坛盖，加足坛沿水，泡 7 天即成。

特点：成品色白脆香，咸辣微酸。

4. 冬瓜酱

（1）配料

冬瓜一个，碳酸氢钠，糖液，蜂蜜，柠檬酸适量。

（2）工艺流程

选料→清洗→去皮、瓤籽→ 破碎→加热软化→浓缩→调配→装罐→密封→杀菌→冷却→检验→成品

（3）制作要点

① 选料。选用新鲜、充分成熟、无病虫害的，肉质紧密、肥厚、坚硬的冬瓜。

② 清洗。利用流动清水洗去冬瓜外表皮上的泥土、杂质、残留农药及白霜，清水中可加入 $1.0\%\sim2.0\%$ 的碳酸氢钠。

③ 去皮、瓤籽。采用机械或人工去皮，然后用刀将冬瓜纵切成两半，用半弧形刮刀去除冬瓜籽和瓤。

④ 破碎。将上述处理的冬瓜肉切成小块，投入绞板孔径 9～11 毫米的绞碎机中，将冬瓜块绞碎。

⑤ 加热软化。取一部分浓度为 $65\%\sim70\%$ 糖液，加入绞碎的冬瓜肉中，冬瓜肉与糖液体积比为（1∶1）～（1∶3），加热 20 分钟使其充分软化。

⑥ 浓缩、调配。在剩余的糖液中（总含量为 55%）加入冬瓜重量 6% 的蜂蜜，与软化的冬瓜肉泥混合，加热浓缩，再加入适量

的柠檬酸（一般1.0千克冬瓜肉加入2.0克），使pH值调到2.8～3.2，继续加热浓缩至固形物含量达到65%～75%为止。

⑦ 装罐。将浓缩酱液趁热装入经清洗消毒的果酱瓶中，装瓶时酱体温度不低于85℃，装量要足，每次成品要及时装完。

⑧ 密封、杀菌。装好瓶后，立即进行密封，然后于沸水中杀菌10～20分钟。杀菌完毕后立即进行冷却。

⑨ 检验。装好的冬瓜酱瓶放入25℃左右的保温室内保温5～7天，进行检验，合格者即为成品。

特点：酱体呈胶黏透明状，色泽均匀一致，具有冬瓜酱应有的良好风味，无焦味和其他异味。

5. 冬瓜汁饮料

（1）配料

冬瓜汁，白砂糖，柠檬酸，山梨酸钾，饮用水。

（2）工艺流程

选料→去皮去瓤→切块打浆→榨汁→热处理→澄清→过滤→调配→装罐→排气密封→杀菌、冷却→检验→包装→成品

（3）制作要点

① 选料。选用新鲜、生长良好、充分成熟、无病虫害、肉质紧密肥厚的冬瓜为原料。

② 去皮去瓤。选好的冬瓜清洗后，用不锈钢刀削去皮，挖去瓜瓤。

③ 切块打浆。将去皮去瓤的冬瓜切成块，再经高速粉碎机破碎打浆。

④ 榨汁、热处理。用螺旋压榨机榨汁，然后将瓜汁加热到95℃，保持15秒灭酶，再迅速冷却到常温。

⑤ 澄清、过滤。采用静置一段时间澄清，再进一步过滤得冬

瓜汁。

⑥ 调配。按配方要求，水中加 60％ 冬瓜汁，10％ 砂糖，0.1％～0.2％柠檬酸以及 0.1％山梨酸钾搅拌均匀。

⑦ 装罐、排气密封。加热到 90℃ 左右，趁热装罐密封。装罐时罐中心温度不低于 80℃。

⑧ 杀菌、冷却。采用沸水杀菌 15 分钟。杀菌后分段冷却到 37℃。

⑨ 检验、包装。擦干罐身，入库存放一周，检验合格后包装。

特点：制品瓜汁具有应有的色泽，清澈透明，并具冬瓜风味，无异味。可溶性固形物含量不低于 10％，总酸度 0.25％。

6. 冬瓜复合饮料

（1）配料

冬瓜汁 20％，果汁 3.0％，白砂糖 8.5％，柠檬酸 0.085％，稳定剂 0.25％，其余为饮用水。

（2）工艺流程

选料及预处理→打浆→胶磨→调配→均质→脱气→预杀菌→装罐→杀菌→冷却→检验→成品

（3）制作要点

① 选料及预处理。挑选成熟的冬瓜，要求无霉烂，表皮具有白霜。冬瓜的成熟度与产品的风味密切相关。利用不锈钢刀削去冬瓜皮，剖开冬瓜，取出瓤和籽，用于深加工。

② 打浆。将经过处理的冬瓜送入高速打浆机进行打浆，尽可能细化冬瓜颗粒，然后进行胶体磨处理。

③ 调配。将经过胶体磨处理后的冬瓜浆与其他原辅料充分混合调配。

④ 均质。调配好的物料用高压均质机在 250 兆帕的压力下均

质乳化。物料在高压下产生空穴效应、剪切效应和碰撞效应，细度达到1～2微米。

⑤ 脱气。为保证产品质量，除去附着于悬浮料上的气体，保持良好的外观，防止装罐和杀菌时产生气泡，要进行脱气处理。其脱气条件是：物料汁温度50～70℃，真空度为90.7～93.3千帕。

⑥ 预杀菌。利用板式热交换器进行预杀菌。温度110～112℃，时间约为30秒，即超高温瞬时杀菌。

⑦ 装罐。经过预杀菌的物料液，趁热进行灌装并封盖。

⑧ 杀菌、冷却。灌装后要及时进行一次杀菌，杀菌公式为：5′—20′—5′/95℃。杀菌结束后采用分段冷却至常温，在25℃下保温7天，经检验合格者为成品。

特点：产品具有冬瓜特有的青白色，有新鲜冬瓜独有的清香味，无异味，口感酸甜、细腻、圆润，汁液混合均匀，久置无沉淀分层。

7. 冬瓜薏米汁饮料

（1）配料

冬瓜、薏米、白砂糖、稳定剂、品质改良剂。

（2）工艺流程

① 薏米精的制备工艺流程

薏米→浸渍→挤压膨化→干燥磨碎→加水抽提→离心去渣→薏米精

② 冬瓜汁的制备工艺流程

冬瓜→清洗→去皮，去瓤、籽→切分→ 冷榨汁→热处理→离心分离→过滤→浑浊冬瓜汁

③ 冬瓜薏米汁饮料的制备工艺流程

薏米精＋冬瓜汁＋各种辅料→调和→均质→加热灌装→封口→

杀菌→冷却→检验→成品

（3）制作要点

① 薏米精的制备。选择脱壳干净、颗粒饱满且匀称的薏米为原料。将碾白的薏米用清水淘洗干净，再用 5~10 倍的水浸泡，使含水量达到 20%~25%，然后在 150~200℃，0.5~1.0 兆帕的压力下将薏米进行挤压膨化。将膨化后的薏米进行切分干燥，然后磨碎制成焦黄色粉末。用 1 份薏米粉与 20~30 份水混合浸提 5.0 分钟，然后加热到 85~90℃，维持 30 分钟，冷却到 50~60℃，再用离心筛除去料渣，得到薏米精。

② 冬瓜汁的制备。将选用的冬瓜，用清水洗净表面的泥土杂质，去除根蒂等杂物，用不锈钢刀去皮，去瓤、籽，并切成小块，然后用榨汁机在常温下进行榨汁。为了提高冬瓜榨汁提取率，对冬瓜榨汁进行热处理，温度为 85~87℃，时间为 10 分钟左右，对热榨冬瓜汁用离心筛过滤，除去渣，得到浑浊冬瓜汁。

③ 冬瓜薏米汁饮料的制备

a. 调和。将白砂糖用 90℃ 以上的热水溶解，然后用 50 目滤布过滤备用。稳定剂选用果胶或海藻酸丙二醇酯，溶解温度为 80~85℃，在搅拌状态下将稳定剂与糖液混合，然后加入薏米精、冬瓜汁、品质改良剂等，用水定容。测定糖度及 pH 值，并做适当的调整。

b. 均质。为了使饮料组织状态稳定，将上述调和的饮料送入均质机进行一次均质处理。均质压力为 20~25 兆帕。

c. 加热灌装、封口。将饮料加热到 90~92℃，立即注入 250 毫升的马口铁罐内，然后用真空封口机进行封口。

d. 杀菌、冷却、检验。将罐头装入铁篮中，利用立式杀菌锅进行杀菌。杀菌条件为 121℃，11 分钟。杀菌结束后立即冷却到 37℃，经过检验合格后，即为成品。

8. 银耳冬瓜饮料

（1）配料

冬瓜汁 25%～30%，银耳汁 25%～30%，白糖为 8%～10%，蜂蜜为 1%，柠檬酸为 0.08%～0.1%，其余为饮用水。

（2）工艺流程

冬瓜（银耳）选料→原料预处理→热处理→榨汁→粗滤→调配→均质→脱气→杀菌→灌装→冷却→成品

（3）制作要点

① 冬瓜（银耳）选料。冬瓜选用 8～9 成熟，形状长圆，皮薄肉厚，外表带细密白霜、无损伤的果实。银耳选用市售 3～4 级干品。

② 原料预处理

a. 银耳预处理。用清水洗掉附在银耳表面的杂质，然后用 25 倍于银耳重量的 55℃热水浸泡 20 小时，再用组织捣碎机捣碎，再用 90℃热水浸泡使其有效成分充分浸出。将浸出汁静置 1 小时后，送入胶体磨处理，经 160 目筛过滤、去渣，得到固形物含量为 4.5%左右的汁液。

b. 冬瓜预处理。选好的冬瓜用清水洗涤干净，去皮、切半、去籽和瓤，再切成条或小块，送入破碎机中破碎。为提高出汁率、减轻榨汁压力，用破碎机将冬瓜破碎成 3～4 毫米的粒块即可。如果破碎率更高，会造成压榨时外层的汁液被榨出，形成一层厚皮，使内层汁流出困难，反而降低了出汁率。

③ 热处理。加热可以使细胞原生质中的蛋白质凝固，改变细胞通透性，同时使果肉软化，果胶质水解，降低汁液的黏度，可以提高出汁率，同时有利于风味物质的溶出，并能抑制酶的活性。其处理条件为温度 80℃，时间 3 分钟。

④ 榨汁。采用封闭式螺旋榨汁机进行榨汁，尽量减少与空气接触，以防止微生物污染及氧化。

⑤ 粗滤。该饮料属浑浊型，粗滤的目的是在保存色粒获得色泽、风味和香味特性的前提下，除去分散在汁液中的粗大颗粒和悬浮粒。一般筛滤机采用水平式或回转式，滤孔大约在 0.5 毫米以下。

⑥ 调配。按配料加入饮用水，以蜂蜜、白砂糖调整饮料糖度，添加柠檬酸，赋予饮料适口的糖酸比。

⑦ 均质。均质的目的是使不同粒子的悬浮均质化，其大小均一，促进果胶的渗出，使果胶和汁液亲和，使汁液保持稳定的浑浊度，获得不易分离和沉淀的饮料。一般将调配好的混合料液，迅速加热至 60～70℃ 送入均质机，均质压力 13～15 兆帕。

⑧ 脱气。均质后的物料用泵送入真空脱气罐内进行脱气。脱气条件为：汁液温度 50～70℃，真空度为 90.7～93.3 千帕，物料脱气可以防止或减轻物料中色素、维生素 C 的氧化，防止品质降低，去除附着于悬浮微粒上的气体，减少或避免微粒上浮，防止杀菌、灌装时产生泡沫等。

⑨ 杀菌、灌装、冷却。采用超高温瞬时杀菌工艺，即温度为 95℃，时间为 30 秒。杀菌结束后趁热进行灌装，经过冷却即为成品饮料。

特点：成品微黄色，色泽亮丽，有冬瓜的清香，酸甜适口，无异味，口感细腻，外观为均一浑浊状态，无分层现象。

9. 清凉冬瓜茶

（1）配料

冬瓜、绿茶、护色剂（氯化锌、氯化钙）、糊精、维生素 C、高岭土、白砂糖、柠檬酸。

（2）工艺流程

① 茶汁制备工艺流程

绿茶叶→浸提→澄清吸附→吸滤→茶汁

② 冬瓜汁制备工艺流程

冬瓜→清洗→切分→打浆→护色→粗滤→离心→冬瓜汁

③ 冬瓜凉茶制备工艺流程

冬瓜汁＋绿茶汁→调配→杀菌→灌装→冷却→成品

（3）制作要点

① 茶汁的制备。将绿茶放入 85℃ 由 5％糊精和 0.01％维生素C组成的浸提液中，茶叶用量为 1.5％，浸提 8 分钟，过滤弃去残渣，向滤液中加入 5％的高岭土作澄清吸附剂，处理条件为：温度60℃，时间 30 分钟。经过处理后再进行吸滤，将滤液进行适当稀释。其稀释比为滤液：水为 2：3，得到茶汁备用。

② 冬瓜汁制备。选取成熟的冬瓜，用流动清水将外表面清洗干净，用刀剖开，削去瓜皮，除去瓜瓤和籽，再切成适当大小的块送入调整捣碎机中打成匀浆。为保持冬瓜汁的翠绿色，可加入护色剂进行护色。护色剂的组成为 0.01％氯化锌和 0.3％氯化钙。然后利用 0.4％氢氧化钠溶液调节 pH 值为 7.5。经过如此处理后的冬瓜汁颜色翠绿、稳定，长时间放置不变色。再经过粗滤、离心、分离，得到的汁液备用。

③ 冬瓜凉茶制备

a. 调配。将上述制备的冬瓜汁和绿茶浸提液按 3：10 比例进行调配，并加入 7.0％白砂糖和 0.2％柠檬酸，充分混合均匀。

b. 杀菌、灌装、冷却。将充分混合均匀的物料进行超高温瞬时杀菌，即在 130℃ 条件杀菌 5 秒钟，杀菌后稍经冷却，可趁热进行无菌灌装，再经冷却降至室温，即为成品。

特点：成品为黄绿色，清凉透明，有绿茶和冬瓜的风味，口感酸甜适口。

10. 冬瓜果茶

（1）配料

冬瓜果肉 30％，白砂糖 16％，柠檬酸 0.1％，羧甲基纤维素钠 0.15％，异抗坏血酸适量，其余为饮用水。

（2）工艺流程

原料选择及预处理→粉碎→胶磨→调配→脱气→均质→灌装→杀菌→冷却→成品

（3）制作要点

① 原料选择及预处理。选择成熟的新鲜白皮冬瓜，用清水洗净泥沙，然后用不锈钢刀削去冬瓜皮，对半切开，除去瓜籽和瓜瓤，再切成块状。

② 粉碎、胶磨。将冬瓜块送入锤片式粉碎机中进行粉碎，然后用 10 目左右的尼龙筛网进行过滤。将过滤浆液投入胶体磨中进行细磨，磨盘之间的间隙调至 40～80 微米。

③ 调配。经细磨的冬瓜浆送入带有搅拌器的夹层配料锅中，同时将白砂糖、柠檬酸、稳定剂溶解过滤后加入配料锅中。加入饮用水定量至 100 千克，开动搅拌器充分搅拌均匀。

稳定剂的使用：为了使产品混合均匀，无分层现象，在使用前先将稳定剂配成 10％左右的水溶液，需浸泡 24 小时，然后利用高速搅拌器打成均匀的胶状物。

配料用水必须是经过阳离子交换树脂净化的软化水。

④ 脱气、均质。为去除果汁中的氧气，防止褐变，保留维生素 C 的含量，采用真空脱气机进行脱气处理，脱气后的浆液必须经过高压均质机处理，控制压力在 13 兆帕以上。

⑤ 灌装，杀菌，冷却。均质后使料液温度达到 85℃以上进行灌装，保持罐内真空度在 0.06 兆帕以上，进行封口。封口后立即

投入杀菌槽中进行杀菌，以水沸开始计时，20 分钟即可。然后迅速冷却至中心温度 37℃以下，经检验合格即为成品。

特点：制品呈均匀稠厚浑浊汁状，具有新鲜冬瓜的香气和特有的滋味，甜酸适口。

11. 冬瓜罐头

（1）配料

冬瓜、白砂糖、柠檬酸、山梨酸钾、羧甲基纤维素钠，碳酸钠。

（2）工艺流程

选料→清洗→去皮切分→预煮→糖煮→调配→装罐→密封杀菌→冷却→检验→入库

（3）制作要点

① 选料。选八九成熟的冬瓜，外皮带层白霜，形状长圆，皮薄肉厚。

② 清洗。清水洗净冬瓜表面泥沙。清水中可加入 1%～2%的碳酸钠。

③ 去皮切分。用机械或手工去皮，然后将冬瓜对半剖开，用弧形刀去除瓜瓤和籽，再切成长 5～8 厘米、宽 3～5 厘米的方条。

④ 预煮。将瓜条放入大火烧开的沸水中煮熟，捞出备用。但不可煮烂。

⑤ 糖煮。清水烧开，加入 10%的糖，煮熬，然后放入预煮冬瓜条，煮制 10 分钟。

⑥ 调配。将预煮液过滤后，加入 29%～30%的白砂糖和0.2%～0.3%的柠檬酸及 0.2%山梨酸钾，调成酸甜口味，然后加入 0.1%羧甲基纤维素钠。

⑦ 装罐。将冬瓜条捞出放入瓶罐中，占加入量的 85%，然后

注入糖液，占 15％。

⑧ 密封杀菌、冷却、检验、入库。用热力法排气，罐中心温度达到 80℃ 以上，真空密封。要求真空度 $0.013×10^6$ 帕以上。封口后，用沸水杀菌 10～15 分钟，然后采用分段冷却到 37℃，擦干罐瓶贮存一周检验，合格后进行包装入库。

特点：成品冬瓜呈青白色，无杂质，汁液透明。具有冬瓜特有风味，酸甜适口，无异味。装罐适量，内容物饱满，汁液中无糖结晶析出。瓜肉不低于净重的 60％，含糖 16％～18％，含酸 0.1％～0.4％。

12. 酸辣冬瓜软罐头

（1）配料

冬瓜，食盐水，氯化钙，明矾，无水亚硫酸钠，调味汁。

（2）工艺流程

选料→清洗→削皮→切半→去籽、去瓤→切条→护色→抽空→漂洗→装袋、加汁→真空包装→杀菌→冷却→成品

（3）制作要点

① 选料。选用生长良好，个大，充分成熟，肉质肥厚、紧密，无病虫害的冬瓜。

② 清洗。将选好的冬瓜置于清水中冲洗干净，并清除白霜。

③ 削皮、切半、去籽和瓤。利用特制的不锈钢刀，削除表面绿皮及粗纤维，然后将冬瓜纵切成两半，除去籽和瓤。

④ 切条。将除去籽和瓤的冬瓜修去瓜面残留的青绿，切成长5～6 厘米、宽 2～3 厘米的瓜条。

⑤ 护色。将切好的瓜条浸泡于 1.0％～1.5％ 的盐水中进行护色。

⑥ 抽空。将护色后的瓜条浸没于氯化钙硬化液中，置于真空

预抽罐中，保持真空度在 80 兆帕以上抽空 10～15 分钟，以瓜条
3/4 以上透明为度。

无抽真空设备时，可用硬化预煮工艺。将护色后的瓜条于氯化
钙（或石灰）水溶液中浸泡 4～6 小时，然后放入含明矾、无水亚
硫酸钠的溶液中煮沸 8～10 分钟，捞出立即进行冷却。

⑦ 漂洗。将抽空（或硬化、预煮）后的瓜条置于清水中进行
漂洗，以除去苦涩味。

⑧ 装袋、加汁。采用 160 毫米×190 毫米 PVC 袋或铝箔复合
袋，加装冬瓜条 110 克、调味汁 10 克。

调味汁组成：食盐 17%，白糖 22%，辣椒粉 0.65%，冰醋酸
2.17%，桂皮 0.87%，白胡椒粉 0.43%，水 57%，丁香适量。将
上述各种辅料加热煮沸后改微火煮沸 20～30 分钟，过滤除去渣后
备用。临用前再加入适量味精即为调味汁。

⑨ 真空包装。将装袋、加调味汁后的软罐头利用真空充气包
装机进行密封包装，真空度为 100 千帕。

⑩ 杀菌、冷却。密封后的软罐头要立即进行杀菌，杀菌公式
为：$10'—20'—10'/100℃$。杀菌结束后冷却到 35℃ 左右，经过检
验合格者即为成品。

特点：成品冬瓜条呈微黄白色，调味汁浅黄色透明，具有酸辣
冬瓜软罐头应有的滋味及气味，酸辣咸味适口，香气浓郁，无异
味。冬瓜条块形状完整，大小较均匀一致，软硬适度，口感爽脆，
无杂质存在。

13. 冬瓜蜂蜜露

（1）配料

冬瓜肉 50%，蜂蜜 5%～7%，白砂糖 10%～11%，果胶
0.1%，瓜尔胶 0.05%，三聚磷酸钠 0.01%，饮用水 32%～35%，

羧甲基纤维素钠 0.01%。

（2）工艺流程

选料→去皮→清洗→浸泡→切块→去籽瓤→护色→漂烫→打浆→粉碎→过滤→配料→均质→脱气→灌装→封口→杀菌→保温→成品

（3）制作要点

① 选料、去皮。选择无黑斑、无虫疤、无霉变、无污染、无损伤，优质含糖分高的冬瓜为原料。用去皮机或用不锈钢刀手工去掉冬瓜皮。

② 清洗、浸泡。去皮后的冬瓜，用清水洗涤干净，然后浸泡于 1% 食盐水溶液中，以防止冬瓜变色。

③ 切块、去籽瓤。将去皮、清洗、浸泡后的冬瓜用机械或不锈钢刀对切成 4 块，然后用刀除去籽和瓤。

④ 护色、漂烫。把上述处理的冬瓜块放在 1% 柠檬酸水溶液中进行护色处理，使冬瓜肉始终保持白色，然后捞出沥去水分。将沥去水分的冬瓜块放入夹层锅的沸水中漂烫 5 分钟，以钝化酶的活性、杀菌，软化瓜肉组织，以利于打浆。

⑤ 打浆、粉碎。在双道打浆机中进行打浆。第一道筛网直径为 0.8 毫米，第二道筛网直径为 0.5 毫米。然后在超微胶体磨中进行超微粉碎，使瓜肉颗粒达到 10 微米左右。

⑥ 过滤、配料。用离心机将颗粒大的冬瓜肉滤去，使浆液均一化程度提高。

按照配料，将各种原辅料在配料罐中进行充分搅拌混合，混合时料液温度控制在 35～40℃，以防止温度过高。

⑦ 均质、脱气。将混合料液送入均质机中，以 19.6 兆帕的压力进行均质处理。处理后的浆液色白中微青。

均质后的浆液在真空脱气机中进行脱气。真空度控制在90.6～96.6 兆帕，浆液温度为 30～35℃，时间 20 分钟。

⑧ 灌装、封口。可分别灌装在 250 毫升玻璃瓶中和 5133 号铁罐中。顶隙度要控制在 6 毫米左右，以确保罐内的真空度。灌装后立即用封口机进行封口。

⑨ 杀菌、保温。杀菌公式为：5′—15′—5′/100℃ 进行杀菌。杀菌后的冬瓜蜂蜜露产品放在 37℃ 的条件 7.5 天，经检验合格者为成品。

特点：制品具有冬瓜的乳青色，有冬瓜的清香和蜂蜜气味，无异味，口感酸甜、细腻、圆润。

14. 冬瓜糖

（1）配料

冬瓜，石灰，亚硫酸氢钠，白砂糖。

（2）工艺流程

原料选择→去皮→切条→浸灰→漂洗→烫煮→糖煮→补烘→包装→成品

（3）制作要点

① 原料选择。选用每只重在 7.5 千克以上、瓜肉肥厚、无水波纹的新鲜冬瓜为原料。

② 去皮、切条。用不锈钢刀将冬瓜皮刮净，然后按长 60 毫米、宽 10 毫米的规格切成条状。

③ 浸灰、漂洗。将切好的瓜条放置于容器中，加入浓度为 3% 左右的石灰水中浸泡 20 小时，捞出瓜条，置于清水中，经过搅拌、换水数次后，口尝没有涩味即可，此时 pH 为 7.0。

④ 烫煮、糖煮。漂洗过的瓜条投入含 0.2% 亚硫酸氢钠的沸水中，烫煮 5 分钟左右，捞起，在清水中冷却。

每 50 千克瓜条加浓度 40% 的白砂糖溶液 50 千克，投入糖煮锅中加热煮沸。使沸点上升到 104℃，维持 15 分钟，再使沸点上升到 106℃维持 10 分钟。随即补加白砂糖 10 千克，缓缓煮沸到 128℃，停止加热，捞起，滤净糖液。

⑤ 补烘，包装。迅速将糖煮后的瓜条放在工作台上，用铲子反复翻拌呈糖霜面，使瓜条自然冷却。然后再将瓜条以 55～60℃补烘干燥，至含水量不超过 6％。

筛去成品内的碎糖，剔除一切杂质，以聚乙烯袋作 100 克、200 克定量密封进行包装即为成品。

特点：制品呈洁白、半透明状，色泽一致，长条形，表面干燥，糖霜面均匀，无黏结块，糖液渗透均匀，组织饱满不收缩，肉质柔嫩带脆，食用时无明显粗纤维感，清甜，具有本品应有的风味，无异味。

15. 冬瓜脯

（1）配料

冬瓜，氢氧化钙，苯甲酸钠，羧甲基纤维素钠，柠檬酸。

（2）工艺流程

原料的选择及处理→硬化→第一次糖煮，真空渗糖和浸泡→第二次糖煮，真空渗糖和浸泡→第三次糖煮，真空渗糖和浸泡→干燥→包装→成品

（3）制作要点

① 原料的选择及处理。选择皮薄肉厚，肉质致密，表皮光滑，八成熟的冬瓜为原料。农药残留量不超过国家标准。将冬瓜用清水洗净，然后用不锈钢刀去皮、去瓤和籽，并切成长 1 厘米、宽 1.5 厘米、厚 3 厘米的条。

② 硬化。将切好的冬瓜条立即投入饱和氢氧化钙溶液中，在室温下进行硬化处理，时间一般为 24 小时，在此条件下，产品保持原有的形状，而且无异味，同时达到硬化的目的。然后捞出用清

水冲洗 2 小时, 以除去过多的氢氧化钙。

③ 糖煮, 真空渗糖和浸泡。将制好的糖煮液通过胶体磨处理, 置于不锈钢夹层锅中, 放入硬化的冬瓜条, 加热至沸腾, 然后用小火煮制 5~8 分钟。当料液温度降至 50~60℃ 时, 进行真空渗糖, 其条件是: 真空度为 0.08 兆帕, 时间 20 分钟, 然后缓慢放气, 在此糖煮液中浸泡 12 小时。第二次和第三次糖煮, 真空渗糖和浸泡与第一次的方法相同。另外, 在第三次浸泡时添加 0.05% 的苯甲酸钠。

三次糖煮所用的糖液的浓度分别为 30%、40%、50%, 同时在糖液中含有 0.5% 羧甲基纤维素钠和 0.2% 柠檬酸。

④ 干燥, 包装。将糖煮后的冬瓜脯沥去糖液, 放入烘箱中, 在 50~60℃ 的条件下烘 6~10 小时, 使冬瓜脯含水分降至 18%~20%, 再经冷却包装即为成品。

特点: 制品色泽呈浅黄色、半透明, 有光泽, 组织饱满, 质地柔韧, 无杂质, 酸甜适口, 无异味。

16. 冬瓜蜜饯

(1) 配料

冬瓜, 白砂糖, 石灰乳。

(2) 工艺流程

原料选择→去皮→切块成型→腌坯→烫煮→糖渍→第一次糖煮→第二次糖煮→第三次糖煮→成品

(3) 制作要点

① 原料选择。选择充分成熟、皮薄肉厚、无病虫害、无腐烂、无损伤的冬瓜为原料。

② 去皮、切块成型。先将冬瓜用不锈钢刀削去外皮, 剖开除去瓜心, 再按以下规格成型。

白糖冬瓜条蜜饯：长 4～5 厘米，宽和厚均为 1～1.5 厘米。

白糖冬瓜圆蜜饯：切成直径 3～4 厘米，厚 1 厘米的圆片。

大冬瓜蜜饯：长 8～10 厘米，厚 3～4 厘米，宽 6～8 厘米。

③ 腌坯、烫煮。先配制 15％～20％的新鲜石灰乳，即 7.5～10 千克新烧制的石灰，加水 40～42.5 千克，让其充分冷却后，将成型的冬瓜条投入腌渍 2～3 天，以冬瓜中心充分进入石灰乳为准，将坯捞出放入盛装清水的缸中浸泡 4～5 日，每天换水 2 次。

将漂洗后的冬瓜条捞出，倒入沸水锅内烫煮 15～20 分钟，除去坯内的石灰乳。

④ 糖渍、烫煮。将冬瓜坯放入浓度为 60％的白砂糖溶液中糖渍一天。糖渍的冬瓜坯连同糖液移入锅中，加入占总量 15％的白砂糖，煮沸 30 分钟后，继续糖渍一天，次日再加入占总量 15％的白砂糖，按上述方法进行第二次糖渍，第三次加入占总量 20％的白砂糖糖煮一天，直到温度达到 110℃时起锅，再移到撒有白砂糖的案板上，迅速用白砂糖拌合，经过冷却即为成品。

特点：制品表面贴附一层白糖，均匀一致，互不黏结，松散。口感香甜，有柔韧性，具有冬瓜的特别气味和滋味。

三、南瓜

（一）概述

南瓜又名番瓜、倭瓜、饭瓜、麦瓜、窝瓜等，原产于中南美洲，后由波斯（现伊朗）传入我国南方地区，当时叫作"番瓜"。现在我国各地普遍栽培，它可作蔬菜，又可代粮食充饥，故有"饭瓜"之称。瓜子可作炒货、蜜饯，还可以榨油。

南瓜营养比较丰富，可食部分为 85%，特点是不含脂肪，含热量 24 千焦耳，属低热量食物。每百克南瓜肉含蛋白质 0.7 克、碳水化合物 5.9 克、粗纤维 3.5 克、灰分 0.5 克，还含有胡萝卜素、维生素 B_1、维生素 B_2、尼克酸、维生素 C、维生素 E，以及矿物质钾、钠、钙、镁、铁、锌、铜、锰、磷、硒等，同时含瓜氨酸、精氨酸、天冬氨酸、腺嘧啶、甘露醇、葡萄糖、蔗糖、戊聚糖、丰富的果胶和叶红素及微量元素钴等。

南瓜性温，味甘、无毒。具有补中益气、消炎止痛、解毒杀虫、降糖止渴的功效。《本草纲目》载："甘温、无毒、补中益气"。适用于久病气虚、脾胃虚弱、气短倦怠、便溏和糖尿病等病患者。《随息居饮食谱》说："早收者嫩，可充馔，甘温，耐饥"。"晚收者甘凉，补中益气。蒸食味同番薯（即山芋，又称红薯），既可代粮救荒，亦可和粉作饼饵，蜜渍充果食。"

现代研究发现，南瓜能促进胰岛素的分泌，对糖尿病、高血压等有预防和辅助治疗作用。又能增强肝细胞的再生能力，可防治肝脏和肾脏的一些疾病。又有消除亚硝胺的突变作用，故可防癌抗癌，还有美容功效。

南瓜中胡萝卜素的衍生物可降低机体对致癌物质的敏感程度，对预防肺癌、膀胱癌和喉癌等有一定的作用。

南瓜子、南瓜蒂、南瓜根、南瓜瓤、南瓜藤、南瓜蔓、南瓜叶、南瓜花等都可入药。

（二）制品加工技术

南瓜肉厚瓤少，味甜，可酱、腌、泡。食法有炒、炸、熘、拔丝、做汤、制馅、饮料、煮饭均宜。也可作配料，还可用于食雕装饰宴席等。

1. 南瓜酱

（1）配料

南瓜 10 千克、面粉 6.0 千克、食盐 300 克，水适量。

（2）工艺流程

选料→清洗→削皮→分切→蒸熟→拌团搓条→再次蒸制→切块→发酵→晾干→浸腌→曝晒→成品

（3）制作要点

① 选料。挑选老南瓜，除去腐烂变质、虫蛀不合格原料。

② 清洗、削皮。利用清水将选择的南瓜表皮洗涤干净，削去皮。

③ 分切、蒸熟。削皮后的南瓜剖开去籽和瓤，再切成 2 厘米见方的小丁上笼蒸熟。

④ 拌团搓条。蒸熟的南瓜加入面粉和成面团，搓成条。

⑤ 再次蒸制，切块。将搓成的条再上笼蒸熟，切成小方块。

⑥ 发酵，晾干。蒸熟切块的物料，放入室内发酵至长出黄色绒毛，晾干约 10 天。

⑦ 浸腌、曝晒。将发酵后晾干的物料块放入钵中，加入食盐、水，以淹没原料为度，钵上盖放玻璃，放在阳光下连续曝晒 60 天，即为成品，可取出食用。

特点：制品色泽酱红，口感鲜咸，是一种家庭风味酱菜。

2. 南瓜果酱

（1）配料

南瓜，白砂糖或蛋白糖，柠檬酸，羧甲基纤维素钠，山梨酸钾。

（2）工艺流程

选择原料→清洗→切分→破碎→预煮→打浆→调配→浓缩→灌装→杀菌→冷却→检验→成品

（3）制作要点

① 选择原料。选取金黄色、无病虫害、未受污染的成熟老瓜。由于南瓜硕大，搬运时要轻拿轻放，防止碰坏压伤。一般要放在干燥通风的库房内，常温下可贮藏 3～6 个月。

② 清洗、切分。将南瓜放在清洗池内，利用标准的自来水清洗表面的泥土，然后用不锈钢刀把南瓜切分成四半，掏净瓜瓤和籽，再洗涤干净。

③ 破碎。将切分后的瓜瓣放入破碎机中，破碎成直径为 1.5 厘米大小的瓜丁。

④ 预煮。破碎后的物料用刮板升运机送入预煮机中，在 30～60 秒内原料升温到 80℃，使酶类钝化失活，能保持原料在加工过

程中不变色，也保证了果胶物质的含量，对防止南瓜果酱析水有重要作用。同时，预煮还能排除原组织中的空气，提高成品的真空度。

⑤ 打浆。预煮后的南瓜丁送入打浆机中，将瓜丁迅速打成浆液状，再通过筛网分离，使浆液细度达到直径小于0.4毫米。

⑥ 调配。打浆后的物料用泵送入调配罐中，与各种辅料调制混合，搅拌均匀后，就能赋予主料丰富的口感。采用甜味剂为白糖或蛋白糖，糖酸比按14：1的比例调配（利用柠檬酸调酸度）。为了使果酱保持特有的黏稠、不析水、不流散的特征，可添加0.3%羧甲基纤维素钠。为提高果酱的保质期，也可添加0.05%山梨酸钾。

⑦ 浓缩。调配好的瓜泥泵入真空浓缩罐中，蒸汽压力控制在0.1兆帕左右，料温为60℃，罐内真空度为80千帕，浓缩时间为3～6分钟，可溶性固形物约7%时迅速出罐。

⑧ 灌装。玻璃罐洗净后，和盖子一起送入消毒柜中，经90～100℃蒸汽消毒20分钟，取出后沥干水分备用。灌装时要求热灌装，温度高于60℃，迅速封盖。封盖时余留顶空隙少许。严防南瓜酱沾在罐口及罐外壁。

⑨ 杀菌、冷却。封罐后立即将南瓜酱送入消毒柜中进行杀菌。杀菌温度为95～100℃，时间为20分钟。杀菌结束后利用水淋式冷却，将罐温降到40℃左右，然后再自然降温，即为成品。

特点：成品色泽金黄，质地细腻、浓厚，在平面上不流散。具有南瓜特有的香味，酸甜适宜，不腻口。

3. 辣味南瓜丝

（1）配料

南瓜10千克，生石灰、红辣椒、食盐各250克，味精25克，香油 50 克。

（2）工艺流程

选料→清洗→去皮剖半→去瓤去籽→切丝→硬化→焯烫→漂洗→曝晒→调拌→入坛→封口→腌制→成品

（3）制作要点

① 选料、清洗。选用皮较硬、肉厚，呈橘红色，含糖量高，纤维少，九成熟以上的南瓜，用清水洗净表皮。红辣椒洗净，切成细丝。

② 去皮剖半、去瓤去籽。洗净表面的南瓜用不锈钢刀削去皮，去蒂，对剖四半，去瓤去籽。

③ 切丝。去除瓜瓤和籽的南瓜，再用刀切成 6 厘米长的细丝。

④ 硬化。水盆中放入适量清水投入石灰浸泡，调和成白色石灰汁，静置澄清后除去上层白膜，取出中间澄清水，放在另一盆内，再放入南瓜丝浸泡约 5 小时，其色变黄捞出，沥干水分。

⑤ 焯烫、漂洗、曝晒。将沥干水的南瓜丝放入沸水锅内焯烫至熟，捞出瓜丝，放入凉开水中漂洗 2～3 次，挤干水分，在太阳光下曝晒至半干。

⑥ 调拌、入坛、封口。将晒至半干的南瓜丝，拌上辣椒丝、食盐放入干净坛内压实，盖好盖密封坛口，经 7～10 天腌制后即为成品。

出坛南瓜丝，拌上香油、味精即可食用。

特点：制品色泽金黄，瓜丝软韧，咸辣清香适口，系家常风味腌菜。

4. 五香南瓜丝

（1）配料

南瓜 10 千克，五香粉 100 克，酱油 500 克，白糖 200 克，味精 30 克，辣椒粉、香油、食盐各 50 克。

（2）工艺流程

原料选择及预处理→装坛→腌制→成品→出坛食用

（3）制作要点

① 原料选择及预处理。选用肉质厚、纤维少，含糖量高，色泽金黄，无腐烂、无坏斑的南瓜。利用清水洗净，削去外皮，剖成两半，去瓜瓤和籽，切成 5 厘米长的细丝，放在竹筛中置烈日下曝晒至半干，晾凉备用。

② 装坛、腌制。将晾凉的南瓜丝放入坛中，加入酱油、五香粉、白糖、食盐、辣椒粉拌和均匀，压实南瓜丝，密封坛口，腌制7～10 日即可出坛为成品。

③ 出坛食用。出坛的南瓜丝拌入香油、味精后即可食用。

特点：制品南瓜丝酱黄，质地软嫩，咸辣鲜美，香气浓郁。

5. 糖醋南瓜片

（1）配料

南瓜 20 千克，白糖 400 克，酱油 100 克，醋、食盐各 50 克，香油、白酒各 200 克。

（2）工艺流程

原料选择及预处理→调汁→装坛→密封→腌制→成品→出坛食用

（3）制作要点

① 原料选择及预处理。选取色泽金黄，表皮坚硬，纤维少，无霉烂和病虫害的南瓜为原料。用清水将瓜皮表面的泥土洗净，去掉皮、蒂，剖开两半，取出瓜瓤和籽，切成 5 厘米长、2 厘米宽、0.2 厘米厚的片，放入盆中，加入食盐腌渍 10 小时取出，挤干水分，放在太阳下晒至半干。

② 调汁。取一小盆，放入白糖、食盐、酱油、醋、白酒调成卤汁。

③ 装坛、密封口、腌制。坛子洗涤干净，放入半干的南瓜片，倒入调好的卤汁，翻拌均匀，用石头压实，密封坛口，一周后出坛，即为成品。

④ 出坛食用。腌制好的南瓜片取出拌上香油，即可食用。

特点：制品色泽酱黄，质地脆嫩，酸甜开胃，增加食欲，系一种家庭常用小菜。

6. 泡南瓜

（1）配料

南瓜 20 千克，萝卜、黄瓜、扁豆角、青椒、芹菜各 4.0 千克，黄酒 2.0 千克，香菜、洋葱、食盐、鲜姜、花椒、八角等适量。

（2）工艺流程

选料→南瓜去瓤去籽其他蔬菜除杂→清洗→切块→晾晒→混合→装坛（配入盐水）→发酵→泡菜整理→装袋→抽真空密封→杀菌→冷却→成品

（3）制作要点

① 选料。南瓜要求新鲜，8 成熟，无腐烂、无变质。萝卜、黄瓜、扁豆角、青椒、芹菜、香菜、洋葱等均为新鲜、无腐烂、无杂质。黄酒要色黄、澄清、味纯正。食盐要洁白干燥、无杂质。鲜姜、花椒、八角无霉变，无杂质，无异味。

② 南瓜去瓤、去籽。将南瓜籽、瓤用人工或机械挖出来，同时除去柄。

③ 其他蔬菜除杂。萝卜去除叶和毛根，扁豆角抽筋，青椒去掉柄和籽，芹菜去掉叶片和根，洋葱去掉皮和根须。各种原料要去掉不可食用及腐烂部分。

④ 清洗。切块将上述各种原料均用清水冲洗干净，置于筛上沥干水分，然后用不锈钢刀将南瓜切成 3～4 厘米的薄片，青椒和芹菜切成 2～3 厘米的小段，洋葱及香菜切成长 0.5～1.0 厘米的段，鲜姜切成细丝，其余切成 3～4 厘米的长条。

⑤ 晾晒。将上述切好的各种原料置于竹筛中，放在阳光下晾晒，直至原料表面附着的明水全部晾干。

⑥ 混合。将晾晒的原料放入大盆中，同时加入黄酒、鲜姜、花椒、八角，混合均匀。

⑦ 装坛。将混合均匀的原料装入已用清水洗干净的泡菜坛中，然后倒入配好的盐水，盐水加至距坛口 1～2 厘米。

配制盐水：每 100 千克水可加入食盐 7.0 千克，置铝锅中煮沸后，离火自然冷却备用。

⑧ 发酵。坛中将上述原料及辅料按规定装好后，立即加盖密封，用清水封好。也可采用其他措施封口。总之，要保证坛内处于缺氧状态，然后置于 15～25℃ 的温度下进行发酵，大约 10 天即可取出食用。喜欢食酸者，可适当延长发酵几天。泡菜发酵成熟后其乳酸含量为 0.4%～0.8%。

⑨ 泡菜整理。取出泡好的成熟泡菜，适当切分、整理，沥干。

⑩ 装袋。将整理好的成品，装入无毒聚乙烯塑料袋或聚乙烯复合薄膜袋中，可选择装 100 克、250 克、500 克不同量。

⑪ 抽真空密封。利用真空减压法，在 67～80 千帕压力下进行密封。

⑫ 杀菌、冷却。采用巴氏消毒法进行灭菌处理后冷却，即为成品。

7. 南瓜脆片

（1）配料

南瓜，奶粉。

（2）工艺流程

选料及预处理→切片→浸奶→脱水→真空油炸→脱油→冷却→包装→成品

（3）制作要点

① 选料及预处理。选取色泽金黄，表皮坚硬，纤维少，无霉烂和病虫害的南瓜为原料。用清水将南瓜表面的泥土洗净，削去皮、蒂，剖成两半，去瓜瓤和籽。

② 切片、浸奶。将上述南瓜切成 2～4 毫米厚的片，然后浸入 20％的奶粉溶液中，注意要充分搅拌，以保证所有瓜片上都能粘有奶粉溶液。

③ 脱水。将浸奶后的瓜片摆放到烘盘上，送入烘箱内，在 70～75℃条件下烘至南瓜片含水量达到 18％～20％时停止。

④ 真空油炸。脱水后的南瓜片放入真空油炸机中进行油炸。真空度控制在 0.08 兆帕，油温在 80～85℃，油炸时间可依南瓜品种、质地、油炸温度、真空度而定。具体情况可通过真空油炸机的视孔观察，当看到南瓜片上的泡沫几乎全部消失时，说明油炸结束。

⑤ 脱油。利用离心机脱除南瓜片中多余的油分。如果油炸机具有油炸、脱油的双重功能，在真空状态下即可进行脱油。

⑥ 冷却、包装。油炸后的南瓜脆片利用冷风进行冷却，然后将其中的碎瓜片清除。按色泽、大小分级，称重包装，即为成品。

8. 南瓜饮料

（1）配料

南瓜，消毒剂，稀醋酸，白糖，柠檬酸，山梨酸钾，香精。

（2）工艺流程

选料→清洗→消毒→去籽瓤→切块→热烫→磨浆→压榨→提

取→过滤分离→配料→装瓶→杀菌→成品

（3）制作要点

① 选料。选用成熟、无变质、腐烂的老南瓜，去净瓜蒂和瓜柄，尽量选用肉质呈金黄色或橙黄色的瓜。

② 清洗。采用清水冲洗除去污物。

③ 消毒。将洗净的南瓜，放入 0.05％高锰酸钾或 Tc-101 消毒剂池中，浸泡 5 分钟，取出，用清水冲洗干净。

④ 去籽瓤、切块。将消毒冲洗干净的南瓜，去除籽瓤切成块或条状。

⑤ 热烫。切好的南瓜块或条，倒入煮沸的稀醋酸溶液中，维持 3 分钟，其目的在于减少提取汁在进一步加工过程中出现凝块沉淀现象，保证热处理提取汁色泽橙黄鲜艳。

⑥ 磨浆、压榨。将经过热烫的南瓜送入磨浆机中磨成浆汁。磨浆时需加少量净化水，比例为 1∶（1～1.5）。然后将浆料送入螺旋压榨机中压榨，渣放入夹层锅中，加入少量水，加热到 85～90℃，边煮边搅拌，维持 5 分钟，取出再磨浆压榨，再提取浆后，将原汁和提取汁混合。

⑦ 过滤分离。压榨汁和提取液合并，用离心机分离（每分钟4500 转），取上面清液过滤备用。

⑧ 配料。按配方加入 8％～10％白糖，0.15％～0.2％柠檬酸，0.1％山梨酸钾及适量香精，搅拌均匀。

⑨ 装瓶。将配好的料液加热到 70℃ 左右排气，趁热灌瓶，封口。

⑩ 杀菌。在 90℃，杀菌 30 分钟，也可采用高温瞬时杀菌，冷却后擦干瓶，入库一周，检验合格后包装。

特点：制品具有南瓜橙黄色泽和轻微南瓜风味，汁液清澈、透明，甜酸爽口，无异味。

9. 南瓜功能饮料

（1）配料

南瓜，沙棘汁，蛋白糖，甜蜜素，柠檬酸，羧甲基纤维素钠，琼脂，果胶酶。

（2）工艺流程

选料→清洗→去皮、去籽→切分→预煮→打浆→酶处理→过滤→灭酶→配料→均质→脱气→装罐→杀菌→冷却→成品

（3）制作要点

① 选料。选择肉质厚、色泽黄，无病虫害，充分成熟的老南瓜为原料。

② 清洗。用清水冲洗干净表面泥沙及污物。

③ 去皮、去籽。用不锈钢刀削去外皮，剖开挖去籽。

④ 预煮。采用蒸汽预煮软化，煮沸3~5分钟捞出。

⑤ 打浆。采用打浆机打浆过筛。

⑥ 酶处理。用柠檬酸将过筛的南瓜浆液的 pH 值调到 3.5~4.0，加入 0.3％的果胶酶，在 35~40℃条件下处理 3 小时，然后用 150 目筛过滤除去粗渣。

⑦ 配料。南瓜汁 40％，沙棘汁 10％，蛋白糖 0.15％，甜蜜素 0.1％~0.2％，柠檬酸 0.1％~0.3％，羧甲基纤维素钠（CMC-Na）0.2％，琼脂 0.1％，其余为纯水。羧甲基纤维素钠、琼脂先用温水浸泡，然后加热溶解后加入，搅拌均匀。

⑧ 均质。采用高压均质机均质，均质压力为 $15 \times 10^6 \sim 18 \times 10^6$ 帕。

⑨ 脱气、装罐。加热至 90℃趁热装罐，密封。

⑩ 杀菌、冷却。用沸水杀菌 30 分钟，采用喷淋冷却至 38℃，擦干罐入库，贮存一周后，检验合格后包装。

特点：制品具有新鲜南瓜的橙黄色，有轻微南瓜风味，柔和爽口，并略带有沙棘味，无异味。汁液均匀一致，适合糖尿病人饮用。

10. 南瓜固体饮料

（1）配料

南瓜粉 100 克，白砂糖 50 克，柠檬酸 0.7 克，蜂蜜 6.7 毫升，碳酸氢钠 0.8 克，羧甲基纤维素钠 0.25 克，黄原胶 0.2 克，糊精 27 克。

（2）工艺流程

原料调配→真空浓缩→装盘→真空干燥→出盘→粉碎→过筛→质检→包装→成品

（3）制作要点

① 原料调配。将各种原料及辅料按配料比例准确称量。稳定剂用 3～5 倍量的白砂糖混合均匀，然后加适量水，不断搅拌下加热溶解，再按先后顺序逐次加入各种原辅料，并充分混合均匀。

② 真空浓缩。在真空浓缩时，蒸汽压力控制在 196～294 千帕，温度保持在 50℃左右，真空度维持在 89 千帕，直至浓缩至 34 波美度时，停止浓缩，这时的浓缩液色泽金黄，呈黏稠状。

③ 装盘、真空干燥。将浓缩好的料液装入不锈钢烘盘中，刮平并放入烘箱中进行真空干燥。干燥过程中为防止物料外溢，控制干燥前期温度为 63℃，真空度为 77～80 千帕；干燥中期温度从 63℃上升到 75℃，真空度为 75 千帕，这时烘盘中的料液开始起泡发胀逐渐定型。由于水分减少，料液中的糖分子呈饱和状态，以晶体析出，并与南瓜中的果胶聚合成南瓜晶；干燥后期温度为 27℃，整个干燥过程大约需 24 小时。

④ 出盘、粉碎。由于南瓜晶极易吸湿受潮，干燥后应立即粉

碎至呈细小金黄色晶体。

⑤ 质检、包装。经检验合格后，立即包装防止吸潮。

特点：成品冲溶后应具有金黄色。外观形态疏松，颗粒均匀一致，无结块，具有南瓜特有的香气和滋味，无肉眼可见的外来杂质。

11. 浑浊南瓜汁饮料

（1）配料（按 1000 千克南瓜汁饮料计）

南瓜原汁 150 千克，低聚果糖 15 千克，复合甜味剂（100 倍）1.0 千克，柠檬酸 1.0 千克，柠檬酸钠 0.5 千克，羧甲基纤维素钠 3.5 千克，黄原胶 1.2 千克，三聚磷酸钠 0.5 千克，六偏磷酸钠 0.5 千克，异抗坏血酸钠 1.0 千克，菠萝香精适量，加饮用水至 1000 千克。

（2）工艺流程

南瓜选择及预处理→预煮→磨浆→分离→调配→脱气→均质→灭菌→灌装、封口→杀菌→冷却→喷码包装→成品

（3）制作要点

① 南瓜选择及预处理。选取瓜肉为黄色或橘红色，外表为浅黄色，完全成熟，无病虫害的新鲜南瓜。采用人工对南瓜进行清洗、去皮、去瓤、去籽后，采用破碎机破碎至 1～2 厘米的小块。

② 预煮。将破碎后的南瓜块放入夹层锅中预煮，温度 95℃，时间 8 分钟。

③ 磨浆、分离。将预煮后的南瓜块趁热用胶体磨进行磨浆，并用离心机进行浆渣分离，筛网要求 100 目。

④ 调配。将羧甲基纤维素钠、黄原胶、低聚果糖、复合甜味剂、柠檬酸等辅料分别用温水溶解后过胶体磨送入配料罐，加入南瓜浆后再加入纯净水定量，开动搅拌器充分混合均匀。

⑤ 脱气。采用真空脱气机脱气，保持 0.06～0.08 兆帕的真空度，然后打开供料泵，将料液送入脱气机内呈雾状喷淋，从而除去氧气。

⑥ 均质。采用两段均质。第一段均质压力在 20～25 兆帕，第二段均质压力在 30～35 兆帕，均质温度控制在 70℃左右。

⑦ 灭菌。采用超高温瞬时灭菌法。杀菌温度为 128℃，时间为 4～6 秒钟，杀菌后料液温度降至 90℃左右。

⑧ 灌装、封口。采用高速灌装封口机进行灌装封口，包装材料可用金属罐或 PET 瓶。灌装方式为热灌装。

⑨ 杀菌。杀菌温度为 95～100℃，时间依包装容器大小而定。容器大，杀菌时间长，一般 500 毫升需保持 30 分钟。

12. 南瓜冰淇淋

（1）配料

南瓜，白砂糖，羧甲基纤维素钠，奶油，鸡蛋，脱脂炼乳。

（2）工艺流程

原料处理→配料→均质→杀菌→冷却→陈化→凝冻→灌装→硬化→检验→成品冷藏

（3）制作要点

① 原料处理。在冰淇淋生产中，要求原料必须新鲜，质量符合要求，所有原料的选择和处理都很重要。

② 配料。先将白砂糖 14～16 份，稳定剂羧甲基纤维素钠 0.2～0.5 份，分别用热水溶解后混合，加入 4～6 份南瓜粉混合均匀，再加溶化好的奶油 8～10 份和搅拌好的鸡蛋液 2～3 份以及 8～10 份的脱脂炼乳，充分混合后，过 100 目筛。

③ 均质。混合过滤的物料，采用均质机来粉碎脂肪以提高黏度，使组织细腻。均质机压力控制在 $(1.37～1.5)\times10^6$ 帕，温度

在 60～65℃。

④ 杀菌、冷却。采用 68～70℃杀菌 30 分钟，杀菌后迅速冷却至 18℃左右。

⑤ 陈化。陈化的目的是使脂肪固化、稳定剂充分与水结合，提高混合液的黏度，利于凝冻时提高膨胀率。用两步陈化法：先将混合液料在 15～18℃进行陈化 2～3 小时，再将物料冷至 2～4℃进行陈化 3～4 小时。

⑥ 凝冻。物料的凝冻温度以－2～4℃为宜，温度过高，物料结构无一定强度，温度过低，不利于成型。

⑦ 灌装、硬化。凝冻的冰淇淋可灌装进行销售，此谓软质冰淇淋。如需加工硬质冰淇淋，须将冰淇淋放入－40～－30℃的温度下迅速凝结。

⑧ 检验、成品冷藏。按冰淇淋的质量指标进行检验，合格者即可为成品，放入－18℃以下冷库中贮藏，温度波动±1℃。

特点：制品呈乳白色或稍带黄色，色泽均匀，具有南瓜天然香味，无异味，组织细腻、润滑，形态完整，大小一致；总固形物35％，脂肪 12％，总糖 16％，膨胀率 95％。

13. 南瓜浓缩汁

（1）配料

南瓜，苯甲酸钠，褐藻胶，精盐。

（2）工艺流程

原料选择及处理→粉碎→压榨→过滤→调配→杀菌→浓缩→灌装→封口→成品

（3）制作要点

① 原料选择及处理。选用九成熟以上的南瓜为原料，用清水

浸泡冲洗，去除南瓜表面的泥土及农药残留物。然后将南瓜剖成两半，去除瓜皮、瓜瓤、瓜籽，并用刀切成小块。

② 粉碎，压榨。将切好的南瓜块送入粉碎机中进行粉碎，然后送入榨汁机中进行榨汁。或直接将小块南瓜放入螺旋压榨机中进行榨汁。

③ 过滤，调配。获得的南瓜汁进行过滤，得到滤液。按汁液的 0.05％加入苯甲酸钠及褐藻胶或羧甲基纤维素钠。根据甜度计算甜味剂加入量。

压榨后的南瓜渣用软化水及酸调 pH 值为 3.0，加热到 90℃，保温 30 分钟以上，提取果胶。然后用此果胶酸液调配南瓜汁，使其 pH 值为 3.5～4.0，并加入少量的精盐。

④ 杀菌，浓缩，灌装。将配好的南瓜汁加热 100℃杀菌后，采用真空浓缩锅（也可采用不锈钢夹层锅）进行浓缩（夹层锅浓缩的产品颜色较深）。浓缩到一定浓度便可出锅进行灌装。如果制作浓缩膏时，可在浓缩后期加入褐藻胶溶液，一般褐藻胶溶液浓度为 2.5％。

如果采用夹层锅浓缩，进行热灌装，要使汁液温度不低于 80℃，灌装瓶最好也加热煮沸，既可达到杀菌的目的，又可减小瓶子和汁液的温度差。灌装封口后，需将瓶子放置 2 分钟，以便对瓶盖进行杀菌。如果采用真空设备进行浓缩灌装密封后，需将南瓜汁瓶置于沸水中杀菌 15 分钟，杀菌后采用喷淋法迅速冷却到 37℃左右。

如果采用真空浓缩工艺，浓缩前采用瞬时杀菌法效果较佳。即将南瓜汁迅速泵入列管式杀菌器或板式热交换器，快速加热到 90℃，维持 20～30 秒钟，经密封后即为成品。

特点：制品棕黄色，具有浓厚的南瓜风味，绵甜润口，无异味，汁液均匀一致，静置一段时间允许有少量沉淀。

14. 南瓜精口服液

南瓜精口服液是以南瓜全粉为主要原料加工而成，口服液既保持了全粉的基本营养成分，又克服了全粉食用不方便的缺点。

（1）配料

南瓜，食用酒精，甜味剂，酸味剂，甘草浸膏。

（2）工艺流程

选料→萃取→减压浓缩→复配→均质→灌装→封口→杀菌→冷却→成品

（3）制作要点

① 选料。选用南瓜全粉质量要求是：粒度在 10～20 目之间，色泽淡黄至金黄，质地疏松不结块，具有南瓜清香，无异味。

② 萃取。称取南瓜全粉 5 份（质量比）装入索氏提取器中，添加 45％浓度的食用酒精溶液 175 份，于 100℃条件下加热回流萃取 4 小时。

③ 减压浓缩。将萃取液在减压条件下进行蒸馏，回收酒精溶剂（此溶剂供调整浓度后反复使用），操作压力为 8～20 千帕，温度 60～90℃，得浓缩液。

④ 复配、均质。取浓缩液 100 份，加入甜味剂 0.13 份，酸味剂 0.08 份，甘草浸膏 0.13 份，进行充分混合均匀，送入均质机中，在 13～17 兆帕的压力下进行均质。

⑤ 灌装、封口。均质后的物料进行灌装，每瓶 100 毫升，并马上压盖封口。

⑥ 杀菌、冷却。压盖封口的瓶子，在 85℃水中杀菌 30 分钟，再分段冷却至常温，即为成品。

特点：成品酸甜适口，无沉淀，为浅棕黄色透明均匀液体，具有南瓜特有的清香风味，无任何异味。

15. 南瓜酒

（1）配料

南瓜，高锰酸钾，亚硫酸钠，果胶酶，淀粉酶，蔗糖，柠檬酸，酵母，明胶，单宁，糖浆，柠檬酸。

（2）工艺流程

选料→清洗→消毒去籽→打浆→杀菌、冷却→果胶酶处理→过滤、除渣→糖化→调整→灭菌、冷却→发酵→陈酿→澄清→调配→精滤→灌装→杀菌→成品

（3）制作要点

① 选料、清洗。选用成熟度好、色泽金黄、无腐烂的老南瓜为原料，用清水洗净表面泥沙。

② 消毒、去籽。采用 0.01%～0.15% 高锰酸钾溶液浸泡 3 分钟消毒后，漂洗干净，用刀剖开取出籽。

③ 打浆、杀菌、冷却。用打浆机将瓜肉破碎成浆状。由于南瓜营养丰富，适宜微生物生长繁殖，易使物料腐败，因此，在打浆时应加入 0.01%～0.13% 的亚硫酸钠溶液，能有效抑制微生物生长。瓜浆再经过 60～63℃，巴氏杀菌 10～20 分钟，然后迅速冷却到 40℃。

④ 果胶酶处理。因南瓜中含有较多的果胶物质，使浆汁稠厚，不利于除渣。果胶酶可使果胶物水解，降低黏度，同时破坏细胞，使细胞内营养物质溶出，提高出汁率。一般果胶酶用量为 2%～3%，作用温度为 34～40℃，时间为 5～10 小时。待果胶黏度变稀，有沉渣下降后，即可进行过滤，除去杂质。

⑤ 糖化。南瓜中含淀粉 5.62%，是主要的糖类物质，但酵母直接用效果不好，所以过滤后的果汁应加入 120～150 活力单位淀粉酶，作用温度为 50～55℃，作用时间大约为 1～1.5 小时。

⑥ 调整。用蔗糖调整果汁中的糖含量达到 18%～20%，在此浓度下，控制好发酵条件，可得到含乙醇 10%～20% 的酒基料。用柠檬酸调整 pH 至 4.0 左右，既有利于酵母生长，还可抑制杂菌生长。

⑦ 灭菌。为了保证酵母快速繁殖，调整好酸度、糖度的果浆，必须经过灭菌，其灭菌温度为 80～90℃，时间为 15～20 分钟。

⑧ 发酵。南瓜果汁送入发酵罐，接入 5% 酵母培养液进行酒精发酵，温度控制在 22～26℃，装罐容量 80% 以上，经 15～20 小时后，酵母繁殖旺盛，二氧化碳大量生成，大约经过 5～7 天后，物料含糖量在 5～10 克/升，主发酵完成。

⑨ 陈酿。新酿成的南瓜酒必须在贮酒罐经过一定时间贮存，俗称陈酿，才能改善酒的质量。陈酿开始时，温度控制在 20～24℃，约两周后，逐步降低温度，控制在 10～15℃，陈酿时间三个月。

⑩ 澄清。在陈酿后的酒中加入明胶和单宁，搅拌均匀，静置，使酒中的不稳定物质进一步沉淀析出，清酒用于调酒。

⑪ 调配。成熟后的南瓜酒，以适当比例勾兑，加入糖浆、柠檬酸等物料，调整酒度、糖度和酸度。

⑫ 灌装、杀菌。将调配好的南瓜酒经硅藻土过滤后，再经灌装杀菌后，即为成品。

特点：制品色泽为浅橙黄色，清澈透明，酒香中带有南瓜清香，无异味，味甘甜醇和，甜酸适口，酒体丰满，酒精度 15%～18%，总糖量为 5～10 克/100 毫升（以葡萄糖计），总酸为 0.2～0.3 克/100 毫升（以柠檬酸计）。

16. 南瓜甜酒

（1）配料

南瓜：糯米：水 = 5 : 1 : 1.5，甜酒曲菌 3.5%，酒酵母

1.0%，乳酸菌 1.5%。

（2）工艺流程

原料处理→原料蒸煮（加糯米）→冷却→接种→落缸发酵→压榨过滤→陈酿→调配→装瓶→灭菌→成品

（3）制作要点

① 原料处理。按配料比例称取优质糯米，淘洗干净后用清水浸泡，20℃左右的水浸泡 24 小时，27℃以上浸泡 12 小时，浸泡后捞出洗滤干备用。

按需比例选用无腐烂、无坏斑和虫害、皮较硬、肉肥厚、含糖量高的九成熟南瓜，洗净、去皮、去蒂、去瓤、去籽。最后切成直径为 1.0～1.5 厘米的碎粒。

② 原料蒸煮。在锅中加入适量水，锅内放入蒸箅，南瓜粒铺在蒸箅上，再将浸泡的糯米铺在瓜粒上，用大火蒸煮，待上汽后再蒸 20 分钟即可。

③ 冷却、接种。取出蒸好的瓜粒和糯米饭，置于大容器中，按比例加入冷开水混合降温，当品温降至 35℃时，按比例接甜酒曲菌种、乳酸菌种、酒酵母菌种，混合均匀后，入发酵缸（原料入缸前在缸底撒上一些酒曲）。

④ 落缸发酵。原料入缸后铺平，在料中心做一个喇叭形圆窝之后，在料面和喇叭圆窝中撒上剩余的酒曲。立即盖上盖，于 30℃的温度下培养发酵，并将上浮的酒曲药和物料米饭压下去。另外注意室内通风、清洁卫生，约 40 天后缸内发出浓厚的酒香，酒醅逐渐下沉，酒液开始澄清，即培养发酵基本结束。

⑤ 压榨过滤、陈酿。把缸内成熟的酒醪装入布袋，置于压榨机上进行压榨，用少量冷开水洗醪。榨出的酒液盛回缸中静置 2～3 日，待悬浮物沉淀后，取其上清液于杀过菌的三角瓶中密封，置于洁净的贮藏室内，20 天后开封，用虹吸管法吸取澄清液于另外洁净的三角瓶中。以后每月用该方法换瓶 3～4 次。如此换瓶约近

一年，陈酿结束。

⑥ 调配、装瓶、灭菌。原酒陈酿半年以上后，根据风味、成分等，按总酒量调糖为 12%，调酸为 0.38%。调配达标后精滤，灌装于洁净的酒瓶中，封盖，放入杀菌锅，用水淹没酒瓶，加温到 100℃，时间 20 分钟即可，出锅后采用分段冷却。经灯光检验合格，即为成品。

特点：产品橙红色，清亮透明；无悬浮物，无沉淀物。酸甜适度，醇和丰厚，酯香味醇厚，具有南瓜香和甜酒香气。

17. 南瓜酸奶

（1）配料

南瓜，保加利亚乳杆菌，嗜热链球菌，脱脂乳，白糖，原料乳。

（2）工艺流程

发酵剂制备
↓
南瓜汁制备→混合→预热→均质→杀菌→冷却→接种→灌装→发酵→冷藏

（3）制作要点

① 发酵剂制备。取合格脱脂乳，分装于试管中，置于高压灭菌锅中，于 120℃杀菌 15 分钟后获得脱脂乳培养基。在无菌室内接入 3%～4% 的菌种，在 42℃下发酵，经 3～4 次传代培养使菌种活力充分恢复。然后按嗜热链球菌：保加利亚乳杆菌＝1：1 进行扩大培养，制成母发酵剂和生产发酵剂。

② 南瓜汁制备。选用成熟的南瓜，利用清水洗净，剖开去瓤、籽，并切成小块，在 100℃条件下蒸煮 20 分钟，然后去皮，加入适量水搅碎，得到南瓜汁。注意去皮要彻底，以免影响产品色泽及稳定性。

③ 混合、预热、均质。将得到的南瓜汁 20%、白糖 7% 及经过处理的原料乳等充分混合均匀后，加热到 50～60℃，于 14.7～19.6 兆帕条件下均质处理，使料液微细化，以提高料液黏度，防止脂肪上浮，增强酸奶凝胶体稳定性。

④ 杀菌、冷却。将均质后的料液采用 85～90℃，10～20 分钟杀菌。灭菌温度不宜过高，以防南瓜汁中营养成分损失。杀菌后将料液立即冷却到 45℃。

⑤ 接种、灌装和发酵。将冷却到 45℃的料液中，把制备好的生产发酵剂按 4% 的量接种，并充分搅拌，然后装瓶封口，送入42℃的恒温箱中，发酵 4 小时左右后，迅速移至 5℃的冰箱中进行冷藏，即为南瓜酸奶成品。

18. 南瓜营养糊

（1）配料

南瓜 82.5%，熟芝麻 6%，莲子粒 2%，蜂蜜 3%，奶粉 5%，蛋白糖 0.3%，柠檬酸 0.05%，苹果酸 0.1%，增稠剂 0.5%，食盐 0.5%，山梨酸钾 0.02%，味精 0.1%。

（2）工艺流程

选料及预处理→热烫、打浆→调配→精磨→灌装→封口→杀菌→冷却→成品

（3）制作要点

① 选料及预处理。选用肉质橘黄色、九成熟以上的南瓜。用秤称量后，用清水洗净，然后去皮、蒂，剖开后去除瓜瓤和籽。用刀将南瓜切成 10 克左右的小块。

② 热烫、打浆。将切分的南瓜块放入 90℃左右的热水中，热烫 20 分钟，使南瓜块内组织完全软化，然后送入打浆机中进行打浆。

③ 调配。按配料规定的量，将南瓜浆、柠檬酸、食盐、蜂蜜、蛋白糖、增稠剂等加入配制缸中，搅拌均匀。

④ 精磨。将混合均匀的料液送入胶体磨中进行精磨，消除浆中的气泡，使浆液更加均匀连续。

⑤ 灌装、封口。将精磨后的浆液装入净重 100 克的耐高温玻璃瓶中，并封口。

⑥ 杀菌、冷却。灌装封口的玻璃瓶送入杀菌槽中，用沸水进行杀菌，30 分钟后进行冷却。采用分级冷却，第一阶段温度为 70℃，冷却 20 分钟后转入第二阶段，温度是 40℃，冷却 15 分钟。

特点：成品色泽橘黄色，酸甜可口，质地为黏稠状，内含芝麻、莲子，具有南瓜特有香味。

19. 南瓜蜂蜜露

（1）配料

南瓜，白砂糖，蜂蜜，琼脂，羧甲基纤维素钠。

（2）工艺流程

原料选择及预处理→粉碎→磨浆→过滤→均质→脱气→调配→灌装→封口→杀菌→冷却→成品

（3）制作要点

① 原料选择及预处理。选用肉质肥厚、含糖量高、纤维少、已成熟的南瓜为原料。使用清水洗净表面的泥沙等，去掉瓜皮，剖为两半，去除瓜瓤和籽。

② 粉碎。将上述处理后的南瓜，放入粉碎机中进行粉碎。

③ 磨浆、过滤。将粉碎后的南瓜通过胶体磨进行研磨，使微粒细度达 0.02 毫米，然后过滤。滤液备用，滤渣可用来制备南瓜糕。

④ 均质、脱气。得到的滤液采用高压均质机均质，在 13.7～

17.6 兆帕的压力下进行均质。然后送入真空脱气机中脱气，脱气真空度为 90.6～93.3 千帕，时间为 5 分钟。

⑤ 调配。在南瓜汁中加入 13％的白砂糖、10％的蜂蜜、0.2％的琼脂和 0.1％的羧甲基纤维钠，充分混合均匀。

⑥ 灌装、封口，杀菌。配好的料液分装入 250 毫升的玻璃瓶中，并立即进行封口，然后放入沸水中进行灭菌 15 分钟，冷却到 40℃后，经过检验合格者即为成品。

20. 南瓜脯

（1）配料

南瓜，白砂糖，食盐，石灰水，柠檬酸。

（2）工艺流程

选料→清洗→消毒→去籽瓤→去皮切分→浸泡→预煮→糖制→烘干→包装

（3）制作要点

① 选料。选择成熟度好、无腐烂变质的老南瓜为原料。

② 清洗、消毒。将南瓜用清水冲洗干净，用 0.05％的高锰酸钾或 Tc-101 消毒剂浸泡 5 分钟，取出，用清水冲洗干净。

③ 去籽瓤。将南瓜切开取出瓤和籽。

④ 去皮切分。将去籽的南瓜削去外皮，切成厚度 0.8～1.0 厘米的片状。

⑤ 浸泡。将切好的南瓜片放入 2％食盐中浸泡 4～6 小时，然后捞出用清水冲洗干净，再放入 1％石灰水中浸泡 4～6 小时，捞出，再放入清水中浸泡 12 小时，捞出沥干水分。

⑥ 预煮。锅内加入清水，并加入柠檬酸或其他有机酸调 pH 到 3～4，烧开，将瓜块投入，煮沸 3～5 分钟，捞出，冷水冷却。

⑦ 糖制。可分以下两步进行。首先糖渍：每 50 千克南瓜用白

糖 12 千克，均匀拌和入缸，一层瓜片一层糖，上层再撒一层白糖，糖渍 24 小时，然后倒入 45%～50% 的沸腾糖液，再浸 24～48 小时。然后糖煮：糖煮应分两次进行。第一次调整糖液浓度为 50%，煮制 8～10 分钟；第二次调整糖液浓度为 70%，煮至瓜脯有透明感时出锅。每次煮完后浸糖 24 小时。

⑧ 烘干。糖制好的瓜脯，沥干糖液后，送入 70～75℃ 的烘房烘 6～8 小时。

⑨ 包装。出烘房的瓜脯应在 25℃ 左右的室内回潮 24～36 小时，然后进行检验和整修，合格品用复合塑料袋包装，热合封口。

特点：制品色泽橙黄色，具有半透明感，质地柔软，稍带弹性，甜而不腻，并有南瓜的香味。

21. 南瓜软糖

（1）配料

南瓜 15 千克，白砂糖 7.0 千克，明胶 450 克，柠檬酸 40 克，香精 3 毫升，食用色素 0.2 克。

（2）工艺流程

```
              化糖┐
南瓜原料处理→配料→熬糖→成型→切块→撒糖→烘干→包装→成品
```

（3）制作要点

① 南瓜原料处理。选成熟度好、无腐烂的老南瓜，洗净，切开去籽、去皮，入锅蒸熟，然后捣成泥。

② 化糖。取 6.0 千克白砂糖，加入 2.5 千克水，入锅熬煮，并不断搅动，熬至锅中起大泡时止。

③ 配料、熬糖、成型。在化糖锅中倒入南瓜泥，搅拌均匀，加热，放入明胶液（明胶先用温水泡胀，再加水、加热溶解）继续加热，然后加入其他配料，熬至取出糖液冷后凝固时止。出锅时加

入香精，趁热倒入平盘中刮平，置阴凉处晾 10 小时。

④ 切块、撒糖、烘干、包装。将南瓜软糖用不锈钢刀切成块状或条块，再撒入余下的白砂糖 1.0 千克，搅拌，置于 30℃烘房中烘干，凉后包装即成。

特点：块形整齐，质地柔软，酸甜适口，有南瓜的独特风味。

22. 南瓜晶

（1）配料

南瓜，蛋白糖，复合酶制剂，柠檬酸。

（2）工艺流程

选料→清洗→去皮、瓤、籽→破碎→酶法液化→榨汁→浓缩→调配→造粒→干燥→包装

（3）制作要点

① 选料。选择成熟度好、无病虫害、无腐烂的老南瓜为原料。

② 清洗。用流动清水冲洗干净。

③ 去皮、瓤、籽。将清洗干净的瓜，切开两半，去籽、去瓤，然后削去皮，切成小块。

④ 破碎。用打浆机将瓜块打成浆状。破碎要迅速，以免瓜汁和空气接触时间长而被氧化。

⑤ 酶法液化。瓜浆用柠檬酸调配 pH 为 4，加入进口的液态复合酶制剂，不同品种的南瓜，应先进行加酶试验，以确定加入量。加入酶后，均质处理 2 小时，在这期间可间歇慢搅拌，然后迅速加热到 85～87℃。

⑥ 榨汁。趁热用螺旋榨汁机榨汁。

⑦ 浓缩。保持真空度在（0.065～0.07）×10^6 帕，蒸汽压力控制在（0.05～0.1）×10^6 帕，浓缩至固形物含量达 85％～90％。

⑧ 调配。加入适量蛋白糖和柠檬酸搅拌均匀。

⑨ 造粒。调配好的浓缩汁移到造粒机中使湿料通过 10 目筛网。

⑩ 干燥。通过 10 目筛网制成的粒置于 70℃左右热风干燥器中干燥。含水量控制在 3％左右。

⑪ 包装。干燥后的成品待凉后立即包装。一般用小尼龙食品袋包装，每袋 20 克，然后 10 袋再装一大袋，净重 200 克。

特点：制品呈金黄或橘红色，无杂质，具有南瓜原有风味，酸甜适口。

23. 南瓜粉

（1）配料

南瓜，高锰酸钾，柠檬酸。

（2）工艺流程

① 烘干粉碎法工艺流程

南瓜→清洗消毒→去皮去籽→切片→烫漂→烘干→粉碎过筛→包装→成品

② 喷雾干燥法工艺流程

南瓜→清洗消毒→去皮去籽→破碎→磨浆→过滤→喷雾干燥→包装→成品

（3）制作要点

① 烘干粉碎法。选用肉质金黄、无变质霉烂的老熟南瓜为原料。用清水将南瓜洗净后投入 0.01％高锰酸钾溶液中消毒 3～5 分钟。南瓜去皮去籽后切成 2～3 毫米薄片，在 90℃左右热水中（加 0.2％柠檬酸护色）烫 1～1.5 分钟。把烫漂沥干水的瓜片送入60～70℃烘房中烘至含水 10％以下即可出料。用粉碎机将干燥块粉碎后过 120 目筛，迅速包装即为成品。

② 喷雾干燥法。将清洗消毒、去皮、去籽后的南瓜，用粉碎

机粉碎，电磨磨浆，用均质机均质，然后送入喷雾干燥机，进料浓度13%～18%，进风温度135℃，出口温度37℃，为防止吸潮，应立即包装即为成品。

特点：采用不同的方法加工的制品色泽金黄或淡黄，粒细均匀，有天然南瓜清香味，水分含量8%～9%，还原糖15%～18%，灰分为5%，总糖量为21%～22%，果胶含量大于7%。

24. **南瓜酱油**

（1）配料

南瓜50千克，面粉1～1.5千克，食盐1.0千克，白糖、茴香适量。

（2）制作要点

将南瓜洗净，切半去瓤和皮，切成小块晾晒1～2天，放在笼屉中蒸熟，倒在簸箕上，按50千克南瓜块配面粉1～1.5千克，拌和均匀，再摊开，厚约30厘米，上盖一层白纸，经过5～6天后上面生出一层白毛，再过2～3天，白毛变黄毛、红毛或绿毛。毛长满后及时揭去纸晒干，再按50千克南瓜干加食盐0.5千克入缸，再按1.0千克瓜干加4.0千克水的比例，加入冷开水，于阳光下曝晒，每天早晨搅拌一次，经过6～7天后瓜料变黑色有酱油味，再晒7～14天，再冲冷水晒至水剩半缸时，用纱布滤去瓜渣，加入少量茴香、白糖于滤液中，投入大锅煮1～2小时杀菌，取出冷却后即为南瓜酱油。

特点：制品色深黑，味咸鲜香，有轻微南瓜味。

25. **南瓜醋**

（1）配料

南瓜、果胶酶、酵母、醋酸菌。

（2）工艺流程

原料预处理→果胶酶处理→过滤→糖化→杀菌冷却→发酵→醋酸菌发酵→过滤→配兑→消毒→成品

（3）制作要点

① 原料预处理。选择成熟度好的老南瓜，清洗，切开去籽，然后切成片，干燥。可用自然干燥或烘房烘干。当含水量降至10％时，磨碎成粉，于干燥通风处贮存。

② 果胶酶处理、过滤。南瓜粉用热水溶解成浆料。因南瓜中含有较多果胶，有效成分不易溶解，所以先采用果胶酶处理。果胶酶添加量为1.23％，温度为35～40℃，时间6～8小时，将果浆变稀时，即为作用完成，过滤除去其中果渣。

③ 糖化。南瓜中含淀粉较多，必须将其糖化为单糖才能被微生物发酵。为此须加糖化酶，其加入量为每千克浆汁50～150活性单位，温度45～50℃，时间2小时。在酒精发酵前要测定浆料中的含糖量，一般控制在10％左右，其中还原糖大于4％，酸度0.2％左右。

④ 杀菌，冷却。将糖化后的浆汁经过80℃、15分钟杀菌处理，然后冷却到28～30℃，接种酵母液进行乙醇发酵。

⑤ 发酵。乙醇发酵在密闭罐中进行，注意控制品温在28～30℃，发酵时间大约一周。成熟的发酵液含乙醇5％以上，酸度0.6％左右，残糖量控制在0.5％～0.8％。

⑥ 醋酸发酵。利用醋酸菌分泌的氧化酶，将原料中的乙醇氧化成乙酸是生产醋的关键。接种量10％左右，醋酸菌为好氧菌，要开动搅拌，注意通风。其过程分以下三期进行：前期，为菌种适应期，生长慢，对氧需要量少，此时要注意罐温，使其维持在35～36℃，风量要小，此阶段大约需一昼夜。中期，此阶段醋酸菌活力上升，成倍增长，细胞数猛增，需大量氧，所以要加大供风，品温控制在36～38℃，需15小时左右。后期，随着醋酸菌大量繁殖，

氧化酶大量分泌，共同作用于乙醇，使其与空气中的氧结合，被氧化成乙酸。本阶段氧化反应缓慢，维持品温在 34～35℃，总时间 20 小时左右。以测定物料中醋酸酸度不再上升为止。

⑦ 过滤、配兑、消毒。

其余操作均按常规法处理即可。

特点：制品色泽为金黄色，口味酸中微甜，风味柔和，有南瓜余香，外观澄清无沉淀。总酸大于 3.5%。

四、西瓜

（一）概述

西瓜又名为水瓜、夏瓜、寒瓜、更瓜等，也称"天生白虎汤"。

西瓜一般按用途分为食用和籽用西瓜两大类。食用西瓜即普通生食作水果用的瓜。这一类西瓜的品种多，蔓长叶大，果实大，果肉含糖量高，多汁味甜，栽培等管理细致，近代培育出的无籽西瓜也属食用之类。籽用西瓜通称籽瓜、打瓜、瓜子瓜，果实较小，果肉味淡不甜，果实中种子既多又大，栽培粗放，不整枝，一株结多果，江苏徐淮地区和内蒙古、甘肃等地均有栽培。

西瓜按有无籽和成熟期还可分为有籽西瓜早熟品种、有籽西瓜中晚熟品种和三倍体无籽西瓜优良品种等。国内比较著名品种有：上海老黑皮瓜、山东德州瓜、浙江平湖瓜、河南开封瓜、安徽凤阳瓜、江西抚州瓜、河北保定瓜、宁夏白瓜、兰州大花皮、陕西大荔瓜、吉林黑木瓜等。

西瓜果实含水量一般在94%以上，所以历来有水瓜之称。西瓜果肉中含有葡萄糖、果糖、蔗糖等，吃起来瓜汁甜、味美，凉爽可口。每百克含蛋白质1.2克、碳水化合物4.0克、粗纤维0.3

克，还含有矿物质钾、钠、钙、镁、铁、磷、氯，胡萝卜素、维生素 A、维生素 B_1、维生素 B_2、维生素 C、尼克酸、烟酸，并含有人体所需的多种游离氨基酸、枸杞碱、苹果酸、乙二醇、甜菜碱、腺嘌呤、香茄烃、六氯番茄烃，挥发性成分的乙醛、丁醛、已醛、异戊醛等，但不含脂肪。

西瓜不仅具有丰富的营养，而且还具有良好的药用价值。《本草纲目》记载：吃西瓜可"消烦止渴，解暑热，疗喉痹，宽中下气，利小水，治血痢，含汁治口疮"。近代医药专家认为，西瓜中的苷类有降低血压的作用，所含的少量盐类对肾脏炎有显著疗效。据医学专家试验："西瓜中瓜氨酸与精氨酸可以增进大鼠肝中的尿素形成，从而利尿，所以夏季适量食用西瓜，对高血压、肾脏炎、浮肿、糖尿病、黄疸、膀胱炎等疾病会有一定程度的辅助疗效"。

（二）制品加工技术

西瓜除鲜食外，也是制作菜肴、饮料、罐头的好原料。还可加工制成各种腌、酱副食品。

1. 西瓜酱

（1）配料

西瓜，白砂糖，淀粉糖浆，琼脂，柠檬酸，柠檬黄色素，柠檬透精，苯甲酸钠。

（2）工艺流程

原料选择→原料处理→绞碎→取瓜籽→原料调配→浓缩→装罐→密封→杀菌→冷却

（3）制作要点

① 原料选择。选用八九成熟的新鲜西瓜，皮厚 1.5 厘米以上，除去有病虫害的西瓜。

② 原料处理。用清水将西瓜皮洗净，对剖后掏出瓜瓤，刨去青皮。将瓜瓤留作制西瓜汁用。青皮果肉放在清水中冲洗一遍，再放入绞碎机绞碎。

③ 绞碎、取瓜籽。用绞板孔径为 9～11 毫米的绞肉机破碎，或用粉碎机粉碎，速度要快，防止积压变味，取得的粒状果皮立即加热浓缩。而将瓜瓤中的瓜子取出，洗净，用沸水烫 2 分钟晾干备用。瓜肉供制罐头或取汁用。

④ 原料调配。绞碎的青皮果肉 40 千克，白砂糖 55 千克，淀粉糖浆 5.0 千克，琼脂 0.44 千克（相当 140 倍），柠檬酸 0.287 千克，柠檬黄色素 2.2 克，柠檬香精 45 毫克，苯甲酸钠适量，上述原料充分搅拌均匀。

⑤ 浓缩。将砂糖配成 65％～70％ 的糖液。取一半此糖液加入破碎的西瓜青皮肉中，在真空浓缩锅内加热软化 20～30 分钟，然后将剩余糖液及淀粉糖浆一同倒入，再浓缩 15～20 分钟。浓缩时真空度在 79992 帕以上，当可溶性固形物达 70％ 时，将琼脂吸入锅内，继续浓缩 5～10 分钟，可溶性固形物达 68％ 时，关闭真空泵破除真空，加热煮沸后，再加入柠檬黄色素、香精、苯甲酸钠搅拌均匀后出锅。

⑥ 装罐、密封。将洗净的罐瓶消毒后，趁热装入浓缩物。装罐后，酱体中心温度不低于 85℃，装好后 2 分钟再密封。

⑦ 杀菌、冷却。将封好的罐头放进沸水中煮沸 5～8 分钟后，按分段冷却到 38℃ 左右，然后擦去罐头表面水分，暂存库一周，检验合格后贴商标装箱。

特点：酱体呈胶黏状，透明，色泽均匀一致。具有西瓜酱应有的风味，无其他异味。

2. **咸瓜皮酱**

（1）配料

加工西瓜皮 2.5 千克，面粉 75～125 克，酱油 12.5 克，食盐
0.5 千克，清水适量。

（2）制作要点

① 将鲜西瓜皮洗净，削去硬皮和残留的瓜瓤，然后切成小块
晾晒一天。

② 将上述晒好的瓜皮加入面粉调和均匀后，放进蒸笼中蒸半
小时。

③ 将蒸熟的瓜皮趁热倒入盆中，加入酱油拌匀，密封后发酵
6～8 天，开盖后可见到上面已生成一层黄色或红色的毛花。

④ 用热水把食盐化开，滤除杂质，趁热缓慢投入发酵料中，
边加边搅拌，直至成稀酱，其加水量约为 4.5 千克，再放在烈日下
曝晒，为防止尘土和杂质侵入，酱盆上盖上一层纱布或一块玻璃。

⑤ 晒酱期间，每天早晨都要上下搅动数次，晚间或阴雨天应
及时加盖。随时拣除蚊蝇杂物。酱晒数天后，酱料由稀变稠，颜色
越晒越深。当酱色变成深红色或紫红色，并散发出咸香味时，即已
晒成。

特点：此酱色美、味香，可用于炒荤、素菜肴，也可用于制作
酱菜。

3. **甜瓜皮酱**

（1）配料

加工西瓜皮 2.5 千克，白砂糖 2.0 千克，柠檬酸 0.125 千克，
清水适量。

（2）制作要点

① 将新鲜西瓜皮洗净，削去硬皮，除净瓜瓤，清洗，切成小块。

② 将洗净的瓜皮放入锅中，加入适量水，加热煮熟，用竹筷反复搅打成泥状。

③ 在泥状瓜皮中加入糖、柠檬酸，放入铝锅中，以文火加热，不断搅拌，防止焦化和粘锅，直至水分蒸发变成糊状。

④ 装罐、杀菌。将熬好的瓜皮酱趁热装入干净已消毒的罐中，然后放进沸水锅中排气，封盖，再放到蒸笼上或沸水中，加热杀菌20～30分钟，然后分段冷却贮藏。

特点：此酱香甜可口，配上面包，可用于早餐，也可用于制作糕点、小食品中。

4. 西瓜脯

（1）配料

西瓜，石灰水溶液，白糖。

（2）工艺流程

原料选择→原料处理→浸泡→抽气→糖煮→糖渍→烘制→分级→包装

（3）制作要点

① 原料选择。选用鲜嫩的优质西瓜。

② 原料处理。将西瓜表面用清水洗净，削净外皮，并一剖两半，去掉籽瓤，再将西瓜的青色瓜肉切成 2 厘米见方的片状小块。

③ 浸泡。将西瓜片状小块投入浓度为 2％的石灰水溶液中浸泡4 小时，捞出再用清水冲净。

④ 抽气。将冲洗净的瓜块浸入浓度为 8％～10％的白糖水中，在 45～50℃。真空度为 60～66.7 千帕的条件下，抽空处理 15

分钟。

⑤ 糖煮。将抽空处理的瓜块放入夹层锅中，在 16～18 波美度白糖水中煮沸 15 分钟，然后加入白糖，使糖水浓度提高到 24～26 波美度，继续煮沸 30 分钟，瓜块呈半透明状即可。

⑥ 糖渍。将煮好的瓜块捞出，放入 24 波美度冷凉的白糖水中浸渍 13 小时。

⑦ 烘制。将糖渍好的瓜块捞出，铺放在竹盘中，送进烘房烘烤，温度控制在 65～68℃，8 小时后翻盘一次，12 小时即可出房。

⑧ 分级、包装。将瓜块趁热取出，进行分级挑选，装进食品袋中。

特点：色泽微黄，半透明状，有弹韧性，甜香，具有西瓜风味。

5. 糖西瓜条

（1）配料

西瓜皮，石灰水溶液，白矾，砂糖。

（2）工艺流程

西瓜皮处理→浸泡→漂洗→预煮→冷却→控干→糖腌→第一次糖煮→糖渍→第二次糖煮→冷却→晒干→成品

（3）制作要点

① 西瓜皮处理。将西瓜皮外表青皮刨净，切成长 4 厘米、宽 1 厘米的长条。

② 浸泡。用 10％石灰水溶液将瓜条浸入，并用木板压住，使瓜条全部浸入石灰水中，持续 4～8 小时。

③ 漂洗。将浸入石灰水的瓜条倒入清水中，冲洗干净，再用清水漂洗，每隔 1～2 小时换一次水，共更换 5～6 次水将灰水彻底洗净。

④ 预煮。在锅内装入半锅水，加入 0.2% 白矾，开锅后将瓜条放入煮 5～10 分钟。

⑤ 冷却、控干。将煮透的瓜条捞出，放进冷水盆中冷却，用自来水冲至瓜条完全凉透，再捞出将水沥干。

⑥ 糖腌。沥干水分的瓜条，倒在盆中，加入砂糖，一层瓜条一层糖，拌匀。每天加糖量为瓜重的 16%，腌一夜。第二天再加 16% 的砂糖，浸渍腌一夜。第三天加糖量为原瓜条重的 20%，再腌一夜。

⑦ 第一次糖煮、糖渍。将腌制的糖液放入锅内煮开，再倒入瓜条，煮 15～20 分钟后，倒入盆内，使糖液淹没瓜条，浸渍 2～3 天，即可返砂。

⑧ 第二次糖煮。先将瓜条从糖液中捞出并沥干糖液。锅内放入半锅糖液，煮沸后再将瓜条倒入，开锅后经常翻动，煮 20～30 分钟，糖液熬至 118～120℃ 时，水分蒸发，糖液呈黏稠状，即可出锅。

⑨ 冷却。出锅后的瓜条用锅铲继续翻动，使糖浆全部粘在瓜条上。瓜条表面稍干便可停止翻动，以免瓜条上的糖砂脱落。瓜条倒在案板上散开冷却。待瓜条表面上的蔗糖结晶，出现白霜，制作完成。

⑩ 晒干。如果出锅时糖液浓度较稀，水分大不易返霜，则可将糖瓜条放在阳光下晒 6～8 小时，即能返霜。包装即为成品。包装应注意防潮。

特点：用西瓜皮制作的长条形糖西瓜条，具有一层均匀砂糖结晶，口味香甜纯正。具有辅助治疗肾炎和降低高血压的作用。

6. 糖水西瓜

（1）配料

西瓜，糖。

（2）工艺流程

原料选择→原料处理→煮沸→糖煮→装罐→密封→杀菌→冷却

（3）制作要点

① 原料选择。选用新鲜的优质西瓜。

② 原料处理。将西瓜表面用清水洗净，削净表面，掏净籽瓤，将西瓜青色果肉切成 2 厘米见方的片状小块。

③ 煮沸。在锅中放进 2/3 的水，加热煮沸，倒入西瓜块，随时搅动，煮 3 分钟左右，至西瓜块变软后捞出。

④ 糖煮。在锅内配制 70％左右的糖水溶液，加热煮沸，倒入瓜块，待其均匀沸腾 2～3 分钟，即可出锅。

⑤ 装罐、密封。将瓜块趁热出锅，装进已洗净消过毒的罐中，立即封罐。封罐时，罐中心温度在 80℃以上。

⑥ 杀菌、冷却。将封好的罐头放进沸水中煮沸杀菌 5～8 分钟，然后取出进行分段冷却到 38℃左右即成。

特点：糖水西瓜具有西瓜独特风味，无其他异味。

7. 西瓜豆瓣酱

（1）配料

大豆、西瓜、面粉、香辛料。

（2）工艺流程

大豆的预处理(去杂清洗 → 浸泡 → 蒸煮淋干) → 大豆的发酵 → 成曲

西瓜预处理（切半 → 挖瓤 → 切块) → 配料 → 发酵 → 装瓶 → 密封 → 成品

（3）制作要点

① 大豆的预处理。大豆挑除杂质、霉烂、破残豆，加水浸泡至豆表皮刚呈涨满，液面不出现泡沫为度。取出沥去水分，再用水反复冲洗，除去泥沙。浸泡后的大豆在常压下蒸煮，串气后维持 4

小时，豆粒基本软熟即可出甑。

② 大豆的发酵。出甑大豆拌入少量面粉，包裹豆粒即可，然后摊晾于干净的曲帘上，使其自然发酵，至菌丝密布，表面呈现黄色时，即可出曲，搓散，贮存备用。

③ 西瓜预处理。选取成熟的西瓜，用清水洗净，切开挖出瓜瓤，不需去籽，切成 5 厘米见方的块，调整含糖量。

④ 配料、发酵。将西瓜瓤和豆曲以 5∶1 的比例混合，香辛料以花椒、八角、姜为主。每 50 千克西瓜瓤约加入 1.0 千克香辛料。将上述原辅料充分混合均匀，使料温保持在 45℃左右或直接装入大缸中，在烈日下曝晒，发酵 7 天即好。经装瓶、密封即为成品。

8. 甘草西瓜丝

（1）配料

新鲜西瓜皮丝 100 千克，糖 20 千克，甘草 4.0 千克，糖精钠 0.05 千克，味精 0.2 千克，柠檬酸 0.05 千克，食盐 0.5 千克，山梨酸钾 0.01 千克，甘草粉 0.1 千克，苯甲酸钠少量。

（2）工艺流程

西瓜去皮及瓤→切丝→腌制→漂洗→糖制→干燥→辅料浸渍→烘制→拌甘草粉→包装→成品

（3）制作要点

① 西瓜去皮去瓤。将新鲜西瓜用清水洗净皮，剖开应削去翠皮、挖出红瓤。

② 切丝。将去翠皮及红瓤后的西瓜皮，用不锈钢刀切成长 6.0 厘米、宽 0.2 厘米左右的丝。

③ 腌制。首先将苯甲酸钠与食盐混合。使用量分别为西瓜皮丝重量的 0.1% 和 10%。在容器中按一层西瓜皮丝一层混合盐的顺序腌制。最上层混合盐适当多些，腌制时间一般为 24～48 小时。

④ 漂洗。将腌制的西瓜皮丝捞出，放入盛有清洁水的容器中，每隔 1 小时换水一次，直至西瓜皮丝盐含量降到 1.0％时为止。用盐度折光仪测定盐含量。

⑤ 糖制。把西瓜皮丝放入竹筐内，沥去水分，然后按一层西瓜皮丝一层糖的顺序装入容器中糖制。蔗糖用量为新鲜西瓜皮丝的 20％，糖制时间为 24～48 小时。

⑥ 干燥。把糖制原料放入烘房中进行干燥。烘房温度为 65～70℃。直至西瓜皮丝含水量约 25％时为止。

⑦ 辅料浸渍。将干燥后的西瓜皮丝置于容器中，把辅料（除甘草粉）按配料溶于甘草水中，倒入容器内，再将西瓜皮丝上下拌匀，第二天再上下混 1～2 次，放置 2 天，取出西瓜皮丝烘制。甘草水溶液按 1000 千克新鲜西瓜皮丝加 4 千克甘草和 25 千克水烧制，并经过滤而成。

⑧ 烘制。烘房温度控制在 60～65℃为宜。烘制过程中要轻翻动几次，待制品含水量降至 25％时，结束烘制。

⑨ 拌甘草粉。将烘制后的西瓜皮丝在室温下进行冷却，然后按新鲜西瓜皮丝的 0.1％拌入甘草粉，混合均匀，即为成品。

9. 西瓜酪

（1）配料

西瓜一个（约 2.5 千克），琼脂 50 克，白糖 0.2 千克，水 100 毫升。

（2）制作要点

① 将西瓜洗净去皮，用纱布将西瓜汁挤出备用。

② 琼脂用温水浸泡 2 小时，放入锅内，加白糖 50 克，水 250 毫升，用文火溶化后煮沸，再加入西瓜汁，搅拌均匀，离火倒入盘中，晾凉后放入冰箱冷藏室冻结 2 小时。

③ 锅内加水 750 毫升，白糖 0.15 千克煮沸，冷却后，放入冰箱冷藏室冰镇。

④ 将冷冻西瓜酪用干净刀划成小块。食用时，用碗或杯盛入冰镇糖水，再放入西瓜酪即成。

10. 西瓜冻

（1）配料

西瓜一个，白糖 0.2 千克，琼脂 0.1 千克，水 200 毫升。

（2）制作要点

① 西瓜洗净，切开挖出瓜瓤，分装于数个小碗中。

② 琼脂用温水浸泡 2 小时。

③ 锅内注入水，再加白糖，上火煮沸，取出 1250 毫升糖水晾凉，再放入冰箱冰镇。

④ 将其余的糖水加入琼脂熬化，用纱布过滤，分别装入盛西瓜瓤的碗中，晾凉放入冰箱内，制成西瓜冻。

⑤ 食用时，将冰镇的糖水浇在西瓜冻上即成。

11. 西瓜晶

（1）配料

西瓜汁 200 千克（可溶性固形物为 30％左右），白糖 100 千克，柠檬酸适量。

（2）制作要点

① 原料处理。将白砂糖用粉碎机粉碎成粉状，然后将糖粉与浓缩的西瓜果汁按 10：（1～2）混合并搅拌成面坯状，其间可加入柠檬酸适量。

② 制颗粒。将面坯状原料送进孔径为 6～8 毫米的自动造粒机

中，制成颗粒。

③ 烘干。将制好的颗粒放在有纱网的烘盘中，送入干燥室中进行烘干，温度控制在 50～60℃，最高不超过 60℃，烘干时间为 20～30 分钟。

④ 包装。将烘干的成品装进小袋，再装入大袋。

特点：颗粒均匀，食用时可用热水（或冷开水）溶解后饮用，味甜酸利口，具有西瓜风味。

12. 西瓜汁

（1）配料

西瓜。

（2）工艺流程

原料选择→清洗→去皮去籽→破碎榨汁→过滤→调汁→加热→过滤→装罐→排气→密封→杀菌→冷却→成品

（3）制作要点

① 原料选择。选用新采摘的 7～8 成熟、红瓤薄皮品种西瓜。

② 清洗、去皮去籽。将西瓜用清水冲洗干净，然后对半切为 6～8 瓣，用刀去皮。取下的皮可制瓜酱及其他的综合利用。然后将去皮的瓜块去籽。

③ 破碎榨汁。经破碎机处理后再用螺旋压榨机榨汁。

④ 过滤。榨出的汁用清洁的纱布过滤去杂。

⑤ 调汁。按配方要求调配西瓜汁含量。一般原汁含量为 60%～70%，可溶性固形物 8%～11%，总酸量为 0.05～0.025%。

⑥ 加热、过滤。将配调好的瓜汁加热到 70～75℃，经过滤机进行处理。

⑦ 装罐、排气、密封。将西瓜汁趁热装罐。罐中心温度不低于 75℃以上，排气密封可与杀菌结合进行。

⑧ 杀菌、冷却。净重 250 克的罐汁，在 100℃下杀菌时间为 15 分钟，杀菌后取出罐，采用淋水冷却。

特点：产品色泽为红色或淡红色，具有西瓜汁应有的味道，无异味。可溶性固形物不低于 10%，总酸度为 0.05%～0.25%。

13. 西瓜汁保健饮料

（1）配料

西瓜原浆 30%～40%，白砂糖 4%～6%，蜂蜜 1.5%，蛋白糖 0.043%～0.047%，柠檬酸 0.08%，苹果酸 0.06%，黄原胶 0.13%～0.17%，抗坏血酸钠 0.06%，其余为水。

（2）工艺流程

原料选择→清洗消毒→打浆→过滤→调配→加热→均质→脱气→灌装→灭菌→冷却→成品

（3）制作要点

① 原料选择。选取无病虫害、无腐烂、成熟、新鲜西瓜为原料。

② 清洗消毒。将西瓜用清水冲洗干净后，再用消毒液进行消毒处理，然后用无菌水冲洗干净。

③ 打浆、过滤。经消毒处理后的西瓜切为两半，挖取瓜瓤，置于打浆机中打碎，然后过滤取汁液，即为西瓜原汁。

④ 调配、加热。按配料，将西瓜原汁加热后加入甜味剂、稳定剂、酸味剂，充分混合均匀。

⑤ 均质、脱气。调配好的料液送入均质机中进行均质处理。均质压力为 18～20 兆帕，然后在 75 千帕的真空度下，进行脱气处理。

⑥ 灌装、灭菌。经脱气后的料液立即进行灌装，然后进行加热灭菌，第一次温度为 100℃，时间 10 分钟，第二次温度为 85℃，

时间为 15 分钟。灭菌后的饮料进行冷却，即为成品。

14. 西瓜澄清汁饮料

（1）配料

西瓜、柠檬酸、维生素 C、红色素、乙基麦芽酚、牛奶香精、甜瓜香精，蔗糖。

（2）工艺流程

选料及预处理→粗滤→调整 pH→脱气→灭酶→冷却→精滤→脱臭→调配→杀菌→冷却→灌装→成品

（3）制作要点

① 选料及预处理。选择 7～8 成熟的新鲜红瓤西瓜为原料，用清水洗净，采用消毒液进行消毒处理，然后再用清水冲洗干净。用不锈钢刀将西瓜剖开，去皮，将瓜瓤切块送入破碎机中进行破碎，并去籽，送入打浆机中进行打浆。

② 粗滤。将西瓜浆液利用 100 目的尼龙布压滤，获得西瓜汁液。过滤压力为 0.3～0.5 兆帕。

③ 调整 pH。压滤的西瓜原浆 pH 值为 5～6。为利于灭酶，采用柠檬酸调整西瓜汁酸度，使 pH 值为 4.2～4.3，同时添加 0.03% 的维生素 C。

④ 脱气。脱气是在果汁薄膜脱气装置中进行。目的是脱除西瓜汁中的氧气，抑制西瓜汁的不良风味变化。脱气的真空度控制在 9.1～9.3 千帕。

⑤ 灭酶、冷却。在列管式果汁杀菌机中迅速加热西瓜汁到 80℃，在贮罐中保温 3 分钟，以钝化瓜汁中的过氧化酶和果胶酶。灭酶后的西瓜汁迅速通过片式热交换器降温到 40℃ 以下。

⑥ 精滤。利用硅藻土过滤机对灭菌后的西瓜汁进行精滤。除去瓜汁中的沉淀物，得到淡黄色西瓜澄清汁。过滤压力为 0.3～

0.5 兆帕。

⑦ 脱臭。精滤后的西瓜汁通过薄膜式果汁脱气机，脱除西瓜汁中的煮熟气味，脱臭真空度为 9.1～9.3 千帕。

⑧ 调配。利用蔗糖调整西瓜汁含糖量达 11.5%～12%，用天然红色素调整瓜汁到应有的红色，并以乙基麦芽酚、牛奶香精、甜瓜香精辅香。

⑨ 杀菌、冷却、灌装。调配后的西瓜汁经果汁高温瞬时杀菌机于 125℃进行 3 秒钟的瞬时杀菌处理。杀菌后的西瓜汁在封闭状态下冷却到 30℃以下，送入无菌灌装机进行灌装，从而得到西瓜澄清汁产品。

15. 西瓜果茶饮料

（1）配料

西瓜瓤 30 千克，白砂糖 13 千克，羧甲基纤维素钠 0.15 千克，异维生素 C 5 克，柠檬酸 0.1 千克。

（2）工艺流程

选料及预处理→破碎→去籽→胶体磨→调配→脱气→均质→灌装→封口→杀菌→冷却→成品

（3）制作要点

① 选料及预处理。选择 7～8 成熟的新鲜红瓤西瓜为原料，用清水洗净泥沙，然后用刀切半，取出瓜瓤。

② 破碎、去籽。采用锤式破碎机将瓜瓤进行破碎处理，然后用 10 目左右的尼龙筛网进行过滤，将籽去除干净。

③ 胶磨。将破碎的瓜瓤立即送入胶体磨中进行细磨，磨盘之间的间隙调至 48～80 微米。

④ 调配。细磨的瓜瓤浆打入带搅拌器的夹层配料锅中，同时按配料规定量将白砂糖、柠檬酸、稳定剂等溶解过滤后加入配料锅

中，加水定量至 100 千克，用搅拌器将各种料充分混合均匀。

为了使稳定剂与物料混合均匀，在使用前将稳定剂配成 10%
的水溶液，浸泡 24 小时左右，然后用高速搅拌器打成均匀胶状物。
配料用的自来水必须是经过树脂交换的软化水。

⑤ 脱气。为了去除瓜汁中的氧气，以防褐变，保持维生素 C
含量，可采用 TQ-2.5 真空脱气机进行脱气处理。

⑥ 均质。脱气后的浆料在压力 13 兆帕以上条件下进行均质
处理。

⑦ 灌装、封口。均质后的浆液采用自动连续灌装机进行灌装，
料液温度必须控制在 85℃ 以上。利用自动真空封口机密封，要求
工作真空度在 0.06 兆帕以上。

⑧ 杀菌、冷却。封口后立即投入杀菌槽中进行沸水杀菌 20 分
钟即可，杀菌后迅速冷却至中心温度在 35℃ 以下，擦去罐身水分，
用石蜡油涂罐，以防生锈。

特点：产品呈鲜红色或浅红色。有新鲜西瓜特有的滋味，协调
柔和，口味细腻。具有西瓜香气。

16. 西瓜酒

（1）配料

西瓜、白糖、酒曲、亚硫酸钠。

（2）工艺流程

选料→榨汁→调配→发酵→装瓶→杀菌→贮存→成品

（3）制作要点

① 选料。选择充分成熟、含糖量较高的新鲜西瓜为原料。

② 榨汁。先将西瓜用清水冲洗干净并沥干水分，然后去皮捣
烂榨汁。榨出的西瓜汁用纱布过滤。将滤出的西瓜汁倒入搪瓷缸或
铝锅中，加热 70～75℃，保持 20 分钟左右备用。注意瓜汁不能用

铁锅加热和存放，以免发生反应，影响酒的品质和色泽。

③ 调配。待西瓜汁冷却澄清后，用虹吸管吸出上层澄清液，放入经过消毒杀菌的搪瓷缸或瓷坛内，先用糖度计测定瓜汁的含糖量，加入纯净白糖，调整瓜汁含糖量达 20%～22%，随即加入3%～5%的酒曲。为防止酸败，可加入少量亚硫酸钠，其用量以每100 千克西瓜汁加 11～12 克为宜。

④ 发酵。将配好的西瓜汁充分搅拌均匀后，置于 25～28℃的环境中进行酒精发酵，15 天后，用虹吸管吸汁入另一缸或坛内，并按西瓜汁量的 10%加入蔗糖，待蔗糖溶解后，倒入锅内煮沸，冷却后用纱布过滤，盛入缸内。此时西瓜酒的度数不高，可按要求加入白酒进行调整，然后封缸，在常温下，陈酿 60 天后即可装瓶饮用。陈酿的时间越长，味道和品质会越好。

⑤ 装瓶、杀菌。将西瓜酒装入干净的酒瓶中，用封口机进行封口，在 70℃的条件下进行杀菌 10～15 分钟。

⑥ 贮存。西瓜酒的贮存适宜温度为 5～25℃，因此应在阴凉干燥处存放。

17. 西瓜皮香醋

（1）配料

西瓜皮 50 千克，醋曲 5.0 千克，谷糠 10 千克，食盐 2.0 千克。

（2）工艺流程

选料→煮制→发酵出坯→熏坯→过滤→装瓶→成品

（3）制作要点

① 选料。选用新鲜、厚皮、无腐烂、无病虫害、品质正常的西瓜为原料，不得混有杂物。

② 煮制。将西瓜皮洗净放入锅内煮熟，取出晾凉后装罐，加入醋曲，捣烂并搅拌均匀，然后进行发酵。

③ 发酵出坯。发酵 5 天后拌入谷糠并搅拌均匀，再发酵 4～5 天后加入食盐，然后搅拌均匀，6 天后出坯。

④ 熏坯。把三分之一的坯装入熏罐内烤 4 天，把三分之二的坯加水过滤煮开，加入到熏坯中，经过滤，得到的净液即为味美可口的香醋。

采用上述配方一般可生产香醋 50 千克。

18. 西瓜冰淇淋

（1）配料

西瓜瓤 0.5 千克，香草冰淇淋 0.3 千克。

（2）制作要点

① 香草冰淇淋的制作：琼脂 0.3 克用少量温水泡 20 分钟后，加热全部溶化，再加入 70 克白糖、鸡蛋液一个，混合搅拌均匀。再加入液体葡萄糖 15 毫升，加入 300 毫升牛奶加热煮沸，充分搅拌，然后用文火微微加热。为防止烟底，加热时应不停地搅拌。当有一定稠度时可停止加热，用纱布过滤，晾凉加入 25 克奶油和 2 滴香草香精，充分搅拌均匀放入冷冻室冻结即成。

② 将西瓜瓤挖出，切成小块备用。

③ 将西瓜挖空后，放入香草冰淇淋，再加入小块西瓜瓤，搅拌一下，即可食用。

特点：色泽艳丽，由红、白、绿三色相互陪衬，诱人食欲，而且营养丰富，是消夏佳品。

19. 糖水西瓜罐头

（1）配料

西瓜、食盐、氯化钙、白砂糖、柠檬酸、柠檬香精。

（2）工艺流程

原料选择→原料处理→预煮→漂洗冷却→装罐→加糖液→排气密封→杀菌→冷却→成品

（3）操作要点

① 原料选择。选用新鲜七八成熟、瓜瓤致密、籽少肉红、皮薄、含糖高的优质西瓜。

② 原料处理。将西瓜首先用清水洗去污泥，然后切去瓜皮。将瓜瓤切成长方条，除去瓜籽，放入 3％的盐水中浸泡 10～15 分钟进行护色。

③ 预煮。预煮时加 3％盐和适量的食用氯化钙以增加瓜条硬度，时间为 8～10 分钟。

④ 漂洗冷却。预煮后用清水漂洗 3～4 次冷却。

⑤ 装罐。将硬化后的瓜瓤条块用水洗后沥水，装入已洗净消毒后的罐中。

⑥ 加糖液。糖液配制：将 100 千克水和 25 千克砂糖放入夹层锅内煮沸溶解后用纱布过滤除渣，再加入适量的食用氯化钙及 0.15％的柠檬酸及少量的柠檬香精。此糖液注入罐中。

⑦ 排气密封。在排气箱中煮沸 15～20 分钟，趁热密封。罐中心温度不低于 80℃。

⑧ 杀菌、冷却。封口后将罐在沸水中再煮 5～10 分钟杀菌，然后取出冷却、擦罐、贴商标、装箱。

特点：糖水西瓜罐头的糖液透明、无杂质，具有西瓜独特风味。果肉净重不少于 60％，糖水浓度为 16％～18％。

20. 西瓜皮果胶

（1）配料

新鲜西瓜皮、盐酸、活性炭、乙醇。

（2）工艺流程

原料选择及预处理→除水→水解→过滤→脱色→醇解→干燥→包装→成品

（3）制作要点

① 原料选择及预处理。选择新鲜无霉变、无腐烂的西瓜皮为原料。削去残留的瓜瓤，放入清水中洗去泥沙、尘土等杂质，捞出沥干附着的水，进行蒸煮除水。

② 除水。将洗净的西瓜皮放入蒸笼内蒸 30～40 分钟，或用 100℃蒸汽处理 20～25 分钟，杀灭瓜皮中的果胶酶，以瓜皮蒸透变软、有水析出滴下为宜。将瓜皮放入榨汁机或包装袋内压榨，除去组织细胞中的水分。因这些水分中含有糖、无机盐等物质，会影响果胶的提取纯度。

③ 水解。将榨干的物料置于耐腐蚀的容器中，加 3～4 倍的水，加酸调 pH 值至 2 左右，然后加热至 95℃左右，持续一段时间。制作时要先做试验，准确掌握酸度、温度和时间的关系。酸度大、温度高，则时间要短，以免果胶分解过度。若温度低，时间则要长。

④ 过滤。将水解物料用布袋压榨过滤收集滤液。压榨后的滤液要加两倍的水，再次进行水解过滤，其制作要点同上。

⑤ 脱色。将两次获得的滤液合并，加入 0.3%～0.5%的活性炭，加热至 55～60℃，脱色 30 分钟，然后将脱色后的液体进行真空浓缩。

⑥ 醇解。在浓缩液中加入 1.0～1.2 倍 90%的乙醇溶液，即有果胶絮凝析出，略等片刻，将絮凝果胶装入细布袋内，压除液体（回收乙醇），再将榨得的果胶用 95%乙醇洗涤（用量为果胶的一倍），略等片刻，榨出乙醇液得固体果胶。

⑦ 干燥。将固体果胶放入搪瓷盘或不锈钢盘内，在 $65\sim70℃$ 的条件下，置于红外线烘箱烘干，直至果胶含水量在 8% 以下。

⑧ 包装。将干燥果胶于干燥环境下进行研磨粉碎，过 60 目筛。分批分次化验后，按规定将不同等级的产品合理调配均匀。最后用复合袋定量包装密封，即为果胶成品。通常每 100 吨西瓜皮可提取 4000 千克果胶。

五、苦瓜

（一）概述

苦瓜因食味带苦，故有"苦瓜"之称，但它不把苦味传染给其他食物，因此，被誉为"君子菜"。又因皮表面布满凹凸不平、大小不一的众多瘤状突起物，又被称作"癞瓜""癞葡萄"。苦瓜成熟时，自然裂开，瓜瓤红色，犹如金口红牙笑向人间，被称之为"红姑娘"，亦像黄帮红里的绣花鞋，又有"红绫鞋"的妙称。

苦瓜有大苦瓜及小苦瓜两大类，有肥短形和长圆筒形品种。小苦瓜果实短，呈纺锤形、有绿白色和白色两种，肉较薄，成熟后皆为橙红色、味甜可食。大苦瓜果实形状有纺锤形、长圆锥形和长棒形，其色泽有绿色、淡绿色和浓绿色，成熟时黄色，瓜肉金黄色，其籽鲜红色。

苦瓜营养丰富。每百克苦瓜含蛋白质 1.9 克，脂肪 0.2 克，碳水化合物 3.2 克，粗纤维 1.1 克，灰分 0.6 克，还含有胡萝卜素、维生素 B_1、维生素 B_2、尼克酸、维生素 C，矿物质钾、钠、钙、磷、铁，以及苦瓜素、苦瓜苷、奎宁等。其中维生素 C 含量很高，居瓜类之冠，相当于卷心菜的两倍，所含的奎宁俗称为"金鸡纳霜"是抗疟特效药物，对疟疾所致的发热有良好的控制作用。

苦瓜具有特殊苦味——苦瓜素，这种成分是一种抗氧化物质，能抑制活性氧的生成，并能强化毛细血管，促进血液循环，预防动脉硬化，具有消除紧张、预防紧张性胃溃疡和十二指肠溃疡的功效。

苦瓜味苦、性寒、无毒，具有益气生津、健胃消食、清热解毒的功效。《本草纲目》载："苦瓜气味苦、寒、无毒，具有除邪热、解劳乏、清心明目、益气壮阳的功效"。主治中暑、暑热烦渴、暑疖、痱子过多、目赤肿痛、丹毒肿痛、烧烫伤、少尿等症。中医学认为苦瓜有清暑涤热、明目解毒、清心养血、益气壮阳、润脾补肾的作用。

（二）制品加工技术

苦瓜吃法较多，可做粥、炒菜、做饮料、罐头，也可酱、腌、泡、凉拌等。现将各种膳食饮品加工方法列述于后。

1. 苦瓜酱

（1）配料

苦瓜酱液 35 千克，苹果浆液 15 千克，琼脂 200 克（水溶），白砂糖 50 千克（配成 75％的糖液），其中白砂糖的 20％用淀粉糖浆代替。

（2）工艺流程

苦瓜制浆 ┐
           ├→ 配料 → 浓缩 → 装罐 → 杀菌 → 冷却 → 成品
苹果制浆 ┘

（3）制作要点

① 苦瓜制浆。选取八成熟的新鲜苦瓜为原料，用清水洗净表面的尘土和杂物，对剖两半后去掉籽和瓤，然后切成 3 厘米长的

段，在 95～100℃ 的沸水热烫 2 分钟（水中可添加 0.2% 的柠檬酸），利用打浆机打成浆液后备用。

② 苹果制浆。选用成熟度高、无病虫害的苹果，清洗干净后去皮（去皮厚度不超过 1.2 毫米）切半，立即浸入 1%～2% 食盐水溶液中 1.0 小时进行护色处理。然后取出挖净果肉中的籽巢及梗蒂，修整斑疤及残留果皮，利用清水洗涤 1～2 次。将处理后的果肉 100 千克，加水 20～25 千克，煮沸 30 分钟，然后送入打浆机打成浆液备用。

③ 配料、浓缩。将糖液、苦瓜浆液、苹果浆液、琼脂液等逐步吸入真空浓缩锅内，在 80 千帕以上的真空度下浓缩至可溶性固体含量达 65.5%～66%，关闭真空泵，破除真空。至酱体温度达 100℃ 时停止加热，立即出锅。破除真空后应适当给以搅拌以防煳锅。

④ 装罐。浓缩完成后立即装罐。装罐后酱体温度不低于 90℃，一般采用 776 型马口铁罐或玻璃罐，装罐后，立即封罐。

⑤ 杀菌、冷却。采用常压杀菌，776 型罐净重 340 克，杀菌公式为 $3'-10'/100℃$，然后冷却。玻璃罐净重 630 克，杀菌公式为 $3'-15'/100℃$，然后分段冷却。

特点：产品呈清亮浅黄色，具有苦瓜的清香和苹果的香气，带有少许苦瓜特有的苦味。

2. 酸辣苦瓜

（1）配料

苦瓜、蔗糖、干辣椒粉、醋、料酒。

（2）工艺流程

选料及预处理→脱水干燥→浸渍调味→沥水→包装→成品

（3）制作要点

① 选料及预处理。选取肉厚、个大、无病虫害的新鲜苦瓜为

原料。成熟度以 7～8 成熟为宜，过生则涩味重，过熟则易软化。利用清水洗去表面的尘土、污物，切去瓜蒂，切分去籽。再将苦瓜切成 1.0 厘米×3.0 厘米的短条状。

② 脱水干燥。可采用太阳晒干或低温烘干的方法，使瓜条明显变软，含水量降至 40%～50%。烘干温度不宜超过 70℃。

③ 浸渍调味。1.0 千克瓜条的调味液：蔗糖 100 克、干辣椒粉 5 克、醋 150 克、料酒 20 克、净化水 400 克配成。将瓜条置于调味液中浸泡 10 天左右，即可捞出沥水。

④ 包装。将苦瓜条沥干水分后，采用无毒聚乙烯薄膜袋进行真空包装。包装后即为成品。

特点：成品色泽鲜亮，酸辣适口，口感清脆，略有苦味。

3. 苦瓜汁饮料

（1）配料

苦瓜 20%，白砂糖 11%，羧甲基纤维素钠 0.08%，食盐 0.03%，异抗血酸钠 50 毫克/升，葡萄糖酸锌 100 毫克/升，其余为水。

（2）工艺流程

选料→去籽→切分→盐渍→护色→磨浆→调配→均质→脱气→灌装→封口→杀菌→冷却→成品

（3）制作要点

① 选料、去籽。选择 7～8 成熟的绿色苦瓜为原料，利用清水洗净表面的泥沙，然后切半去瓤、去籽、去蒂。要剔除红色已成熟的苦瓜、过小瓜、烂瓜及虫咬瓜。

② 切分、盐渍。将苦瓜切成 5 厘米厚的片，用网袋装好，放入 8% 食盐溶液中，浸泡 30～45 分钟，提起后置于沸水中漂洗 30 秒钟，以除去苦瓜中的涩味物质。

③ 护色。将苦瓜片置于葡萄糖酸锌溶液中，在 85℃ 保持 8 分钟，使锌取代叶绿素中的镁，形成长期保持绿色的锌衍生物。

④ 磨浆。护色后的苦瓜片立即送入胶体磨中加水细磨，磨盘间隙应调至 50～100 微米，浆液经 120 目筛网过滤，除去纤维等物质。

⑤ 调配。将苦瓜浆泵入有搅拌器的立式配料桶中，加糖浆、羧甲基纤维素钠、食盐、异抗坏血酸钠，充分搅拌均匀。白砂糖先经化糖溶解，并经过双联过滤器过滤后送入调配桶中。羧甲基纤维素钠配成 10％ 的水溶液，浸泡 24 小时后，用打蛋搅拌机搅拌成均匀状后倒入配料桶中。配料用水必须是经过处理的软化水。

⑥ 均质。均质是苦瓜汁制备的关键工序，具有提高产品的口感和稳定性的作用。均质压力为 18 兆帕，温度为原料温度。

⑦ 脱气。苦瓜汁经真空脱气机进行脱气，去除瓜汁中的氧气，能保持产品中维生素 C 的含量，并有维持叶绿素的绿色稳定性。

⑧ 灌装、封口。脱气后的苦瓜汁用自动连续灌装机进行灌装。用自动封盖机进行封盖，其真空度控制为 0.04 兆帕。

⑨ 杀菌、冷却。封盖后投入杀菌槽或回转式沸水杀菌机进行杀菌 25 分钟，取出后利用冷水迅速冷却至 40℃ 左右，擦干后送入保温库，在 37℃ 保温一周后检验，合格者为成品。

4. 苦瓜清凉饮料

（1）配料

苦瓜、果胶酶、白砂糖、蜂蜜、柠檬酸、山梨酸钾、维生素 C。

（2）工艺流程

原料处理→破碎→榨汁→粗滤→细磨→澄清分离→调配→精滤→脱气→灌装→封口→杀菌→冷却→成品

（3）制作要点

① 原料处理。首先选择八九成熟的新鲜苦瓜，剔除过生及有病虫害的烂瓜。用清水洗去苦瓜表面污物、尘土，对半剖开，去掉籽瓤，再用冷水洗净，沥干称重。

② 破碎、榨汁。将沥干水的苦瓜，用打浆机破成 0.5 厘米左右的碎块，以利于取汁。为了提高出汁率，需进行两次浸提。首先是按瓜：水＝1：5 的比例浸提 4 小时，滤出浸提液后再按 1：5 加水，浸提 3 小时。两次浸提时温度均控制在 80℃ 左右。将两次浸提液混合。为防止氧化，可加入维生素 C。

③ 粗滤。榨出的汁液比较粗，需用 80 目滤布过滤，以除去其中的粗纤维和杂质。

④ 细磨。将滤出的汁液再用胶体磨细磨，以提高出汁率。

⑤ 澄清分离。细磨后的滤液用果胶酶进行处理。一般加 0.1％～0.3％ 的果胶酶，搅拌后静置 12 小时，吸取上层澄清汁液。

⑥ 调配。将汁液升温到 85℃ 左右，依次加入 9％ 白砂糖、3％ 蜂蜜、0.1％～0.5％ 的柠檬酸、0.1％ 的山梨酸钾，搅拌均匀，调控汁液的可溶性固形物含量为 12％。

⑦ 精滤、脱气。将调配好的料液用硅藻土过滤机精滤，除去一些细小的纤维素，保持饮料的清澈透明。精滤后再用真空泵脱气。真空度控制在 0.06～0.08 兆帕，脱气 20 分钟。

⑧ 灌装、封口。脱气后的料液立即灌装。灌装温度不低于 80℃。灌装后立即封口。

⑨ 杀菌、冷却。采用高压灭菌法，杀菌公式为 $10'$—$15'$—$10'$／$121℃$，然后用冷水分段冷却至 37℃，擦干罐瓶水分，入库存放一周，检验合格包装出厂。

特点：制品天然淡黄绿色，色泽均匀，清澈透明，长期存放允许有少量沉淀出现。具有苦瓜特有的清香和蜂蜜的香气，微苦中带清甜，后味甘凉，酸甜适口，清凉爽口。

5. 苦瓜菠萝复合饮料

（1）配料

苦瓜，菠萝，白砂糖，柠檬酸，黄原胶，海藻酸，山梨酸钾，抗坏血酸，食盐。

（2）工艺流程

苦瓜汁制备 ┐
　　　　　├─→ 调配 → 均质 → 脱气 → 罐装 → 成品
菠萝汁制备 ┘

（3）制作要点

① 苦瓜汁制备。选用七八成熟的绿色无病虫害的新鲜苦瓜，用清水洗净，切半去瓤去蒂，切成 0.2 厘米厚的薄片，放入 8％的食盐水中浸泡 30 分钟，漂洗干净，在 50～90℃ 热水中热烫约 1 分钟，捞出迅速冷却，然后放入打浆机中，加水打浆（水中加 0.1％抗血酸和适量柠檬酸），然后分离除去渣，制得苦瓜汁。

② 菠萝汁制备。选用十分成熟、黄色、无腐败变质的新鲜菠萝。清洗干净表面泥沙，切端去皮去心。然后切分成 0.5 厘米厚的片状，在 85～90℃ 的热水中烫 2 分钟。加水打浆，离心分离除去渣，制得菠萝汁。

③ 调配。按苦瓜汁：菠萝汁＝7∶3 的比例加入调配缸中，再加入 10％白砂糖和 0.1％～0.3％柠檬酸、0.05％的黄原胶和 0.2％海藻酸配成的复合稳定剂（先用热水浸泡，再加热溶解），及 0.05％山梨酸钾搅拌均匀。

④ 均质、脱气、灌装。采用二次均质。均质压力为 (18～25)×10^6帕，均质温度为 60℃，灌装，然后冷却至 40～50℃。在 0.08×10^6帕下真空脱气 10 分钟，封口。分段冷却到 38℃，保温贮存一周，检验合格后包装。

特点：制品为天然淡绿色，色泽均匀一致，具有苦瓜、菠萝混合特有风味，酸甜适口，无异味。组织均匀浑浊，无分层现象。可溶性固形物含量 10% 以上，pH 为 3.0。

6. 苦瓜冰淇淋

（1）配料

鲜牛奶 45%，苦瓜汁 20%，白砂糖 17%，奶油 5%，鲜鸡蛋 4%，食盐 1.5%，淀粉 2%，羧甲基纤维素钠 0.5%，明胶 0.2%，食用香精适量，柠檬酸适量，水余量。

（2）工艺流程

选料→清洗→去籽切片→腌渍→漂洗→护色→榨汁→过滤→苦瓜汁→配料→调酸→杀菌→均质→陈化→凝冻→灌模→速冻→包装→成品

（3）制作要点

① 选料。选用鲜苦瓜，以保证营养和出汁率高。

② 清洗、去籽切片、腌渍、漂烫。苦瓜洗净、去籽切片，以 1.5% 食盐腌渍 2 小时，然后放沸水中漂烫 30 分钟，以除去苦瓜中的涩味物质。

③ 护色。将苦瓜置于 0.1% 葡萄糖酸锌溶液中，在 80℃ 下保温 8 分钟。

④ 榨汁、过滤。护色后的苦瓜立即用榨汁机榨汁，以 80 目尼龙布滤去杂质得苦瓜汁。

⑤ 配料。将淀粉加水调制成淀粉浆后，以 80 目筛网过滤。明胶加水加热制成 10% 的溶液。白砂糖加热水溶解成糖浆，羧甲基纤维素钠（CMC-Na）用热水溶解，分别以 100 目筛过滤。将上述原料液与苦瓜汁、搅拌的蛋汁液、牛奶分别加入灭菌罐内，搅拌均匀。

⑥ 调酸。将柠檬酸配成 3‰ 的溶液，加入无菌罐中，搅拌均匀，防止局部酸性过高和在杀菌时产生凝固现象。

⑦ 杀菌。在 70℃ 下保持 30 分钟杀菌。

⑧ 均质。采用双段均质法。第一段均质压力为（1.0～1.2）× 10^6 帕，第二段均质压力（0.6～0.8）× 10^6 帕，均质温度为 65℃。

⑨ 陈化。均质后的料液，经板式换热器迅速冷到 10℃ 左右，送入陈化缸中，在 2～4℃ 下搅拌陈化 10 小时。陈化后的料浆得以充分水化，大大增加了稳定性和膨胀率。

⑩ 凝冻。陈化后的料液中加入香精，通入凝冻机进行凝冻膨化，温度控制在 -5～-2℃，并不断搅拌，以防止物料结成大冰晶，使空气均匀混入物料中，形成膨胀细腻的软冰淇淋。

⑪ 灌模、速冻。将凝冻后的冰淇淋灌模，然后置于 -40～-30℃ 速冻库中速冻 6～8 小时成型。

特点：冰淇淋呈浅绿色，有柠檬香味，酸甜适中，有微苦味，细腻爽口。

7. 苦瓜蜜汁饮料

（1）配料

苦瓜、白砂糖、蜂蜜。

（2）工艺流程

选料→去籽→切片→浸提汁→调配→澄清→灌装→杀菌→冷却→成品

（3）制作要点

① 选料。选择 7～8 成熟的新鲜苦瓜为原料，剔除过生、过熟及病虫害的瓜。用清水将表面的尘土、污物等清洗干净。

② 去籽、切片。用不锈钢刀切去瓜蒂，将苦瓜纵切成两半，挖去籽，再切成厚度 2～3 毫米的片。

③ 浸提汁。因苦瓜汁液较少，故采用浸提法取汁。为了提高浸出率，需要进行两次浸提。其方法是：在苦瓜片中加入清水，要按照瓜片∶水＝1∶5比例，加热到85～90℃，浸提4小时，然后滤出浸提液收存。滤渣再按1∶5的比例加水，加热到85～90℃，浸提2小时，滤出浸提液收存。将两次浸提液混合。

④ 调配。在混合汁液中加入白砂糖和蜂蜜。白砂糖占配料总量的9.0％，蜂蜜占3.0％，调整汁液中可溶性固形物达12％。

⑤ 澄清。将调配后的苦瓜汁液置于16℃，静置20小时，使汁液中的胶体物质沉降，汁液变得澄清透明，滤取上层清液。

⑥ 灌装。将滤得的汁液加热到95℃，送入灌装设备进行灌装，要求灌装时液温不低于85℃，灌装后立即进行封盖。

⑦ 杀菌、冷却。苦瓜蜜汁饮料属于低酸性食品，所以采用115℃杀菌15分钟，或采用100℃杀菌30分钟，杀菌结束后冷却至常温，即为成品。

8. 苦瓜茶

（1）配料

苦瓜，醋酸铜，羧甲基纤维素钠，碳酸镁，氯化钙，亚硫酸钠，盐酸。

（2）工艺流程

选料及清洗→切片→护色→烘干→包装→成品

（3）制作要点

① 选料及清洗。挑选品种正常、无劣变的苦瓜为原料，去除杂质，用清水清洗干净。

② 切片。将洗净的苦瓜用刀切成0.5厘米厚的瓜片。

③ 护色。将瓜片置于由醋酸铜40微克/千克、羧甲基纤维素钠74微克/千克、碳酸镁0.8克/千克和氯化钙0.8％组成的混合

液中，于 85℃热烫 3 分钟后，置于冷水中冷却。然后再置于亚硫酸钠 3％和盐酸 0.3％组成的混合溶液中冷却 20 分钟进行护色处理。

护绿剂中的铜离子在微碱性条件下，取代叶绿素中的镁离子，把苦瓜中的叶绿素变为叶绿素铜钠，利用叶绿素铜钠对光热的稳定性达到护绿的目的。护绿剂中的铜离子、镁离子、钙离子均为酶的抑制剂，铜离子还能起到抑制酶促褐变和保脆的作用。

④ 烘干、包装。经护色处理后的苦瓜片置于烘干机中，在 60℃条件下进行烘干。烘干后进行包装即为成品。

特点：苦瓜茶为圆片状，色泽为内白外绿，微苦，具有苦瓜天然滋味，汤色为淡黄色。

9. 苦瓜凉茶

（1）配料

苦瓜汁、绿茶汁；8％白砂糖，0.1％柠檬酸，0.1％山梨酸钾，亚硫酸钠、糊精、维生素 C，活性炭和高岭土。

（2）工艺流程

苦瓜汁制备 ┓
　　　　　　┣→ 配料 → 过滤 → 杀菌 → 灌装 → 冷却 → 成品
绿茶提取液 ┛

（3）制作要点

① 苦瓜汁制备。选取鲜嫩肉厚的苦瓜，用清水冲洗干净，沥去水，对剖两半，去籽瓤后切成 1 厘米左右的瓜块，倒入 0.1％的亚硫酸钠溶液中护色 20 分钟，捞出冲洗干净，在沸水中漂洗 2 分钟，捞出迅速冷却。按苦瓜和水 3∶1 的比例加水，送入打浆机中打浆，压滤。滤汁再用 3000 转/分钟的离心机离心分离，澄清处理后，得到澄清透明的苦瓜汁。

② 绿茶提取液。将绿茶放入 85℃、由 5％糊精和 0.01％维生素 C 组成的浸提液中。茶叶用量为 1.5％，浸提 8 分钟，过滤弃去残渣，然后向浸提液中加入适量澄清吸附剂（5％的 1∶1 的活性炭和高岭土），搅拌均匀，静置后，精滤得绿茶液。

③ 配料、过滤、杀菌、灌装。绿茶提取液稀释 10 倍，加入 8％白砂糖，0.1％柠檬酸，6％苦瓜汁，0.1％山梨酸钾充分混匀后过滤，经 130℃，5 秒钟杀菌，然后进行无菌灌装，真空封罐，冷却，检验包装即为成品。

特点：制品黄绿色，无浑浊，无沉淀，清澈透明。具有绿茶和苦瓜特有风味，酸甜适口，无异味。

10. 苦瓜酒

（1）配料

苦瓜，白酒。

（2）工艺流程

原料挑选→纯净水制备→基酒降度→酒质处理→灌酒→浸泡→倒酒→勾兑调配→过滤→二次灌装封盖→包装→入库

（3）制作要点

① 原料挑选。选用优质特种鲜嫩苦瓜。此瓜由苦瓜基地供给，并将苦瓜套种在酒瓶中，收购时，要求瓶内苦瓜绿色、无病虫害、无斑点，每条重约 100～120 克。

② 纯净水制备。在基酒降度用水和第二次洗瓶用水，均要求使用纯净水。纯净水是采用中空纤维过滤器处理制备。

③ 基酒降度、酒质处理。选用优质大曲酒（酒度 60°）为基酒。酒质要求高，可加纯净水降度。选用白酒净化器进行酒质处理，最后酒度降至 38°备用。

④ 灌酒、浸泡。将降度为 38°的基酒，灌入已洗净的内含苦瓜

的酒瓶中，加盖密封，送入库中浸泡 4～6 个月，浸泡期间要求避光通风。

⑤ 勾兑调配。将浸泡期到的酒倒出来，将酒质进行调配，使酒度勾兑到 28°。并对浸泡后的苦瓜进行紫外线杀菌处理。

⑥ 二次灌装封盖。勾兑调配好的浸泡酒过滤后再灌入经杀菌的苦瓜瓶中，压盖，贴标，即为成品苦瓜酒。

特点：制品色呈浅黄，清亮，无异物，郁香醇厚，口味醇和，苦中带甘，清凉爽口。具有苦瓜酒特有的甘苦风味。酒精度 28°±2°。

11. 苦瓜发酵酒

（1）配料

苦瓜、白糖、柠檬酸、酵母。

（2）工艺流程

清洗榨汁→调整糖酸度→活化发酵→过滤分离→后发酵→调配→杀菌→包装→成品

（3）制作要点

① 清洗榨汁。选取的苦瓜用清水洗净后按料液比 1:1.5 用榨汁机榨汁。

② 调整糖酸度。按 1.7 克的白糖可发酵 1 毫升酒精计算，要酿制 15%（体积分数）左右的苦瓜酒，需加入一定量白糖。由于苦瓜中含有 3%～15% 糖，需再加糖量为 200 克/升。因为酿酒酵母最适宜 pH 为 4.0～5.5，用 50% 柠檬酸溶液调整 pH 至 5.5。

③ 活化发酵。调配好的苦瓜汁送入发酵罐，接入 0.5% 经活化的酵母进行酒精发酵，温度控制在 25℃ 左右。装罐容量控制在 80%，经 24 小时左右酵母繁殖旺盛，二氧化碳大量生成。此时转入酒精生成阶段，即主发酵。主发酵周期 6～7 天。主发酵完成，

物料的糖度在 5～9 白利度，送入贮酒罐。

④ 调配。将主发酵原液过滤出的酒、糖、柠檬酸分别加入后发酵的原酒中进行调配，使酒度为 15%（体积分数），总糖为 50 克/升，总酸为 4.6 克/升。

特点：成品澄清透明，无悬浮物，无沉淀物，口感清新醇正、酸甜适口，具有优雅和谐的苦瓜清香与酒香，有苦瓜酒的典型风格。

⑫ 苦瓜保健啤酒

（1）配料

苦瓜。

（2）制作要点

① 苦瓜汁的制备。选取 7～8 成熟前的绿色苦瓜，用清水洗净泥沙，然后去蒂。去掉成熟苦瓜，过小瓜，腐烂瓜。用刀将苦瓜切成 0.3 厘米左右的片，在瓜片中加入 3～4 倍的水煎煮 10～15 分钟，使其中的有效成分溶出。利用榨汁机榨出苦瓜汁，并除去残渣，最后过滤除去固形物，获得苦瓜汁。

② 苦瓜汁的添加量。经过试验苦瓜汁的添加量以 3%～5% 较为合适。苦瓜汁制汁过程中都要经过灭菌，加入发酵罐后才不会污染，同时制汁过程中有效成分浸出率较高，从而提高原料的利用率。

③ 啤酒的制备。添加苦瓜汁不会改变啤酒的生产工艺，所以苦瓜保健啤酒的生产工艺与常规生产工艺相同。

苦瓜汁加入发酵罐中，要经过 1 个月左右的发酵，苦瓜汁中的少量固形物，经过酵母的吸附和聚合沉降下来，经过过滤灌装，不影响啤酒的稳定性和保质期。

特点：成品清亮透明，无悬浮物和沉淀物，浊度 1.5。泡沫洁白细腻，持久挂杯，泡持性 180 秒。具有苦瓜清香和酒花香气，口味醇正，爽口协调，无异香味。

13. 苦瓜罐头

（1）配料

苦瓜，硬化剂，糖液，山梨酸钾，柠檬酸。

（2）工艺流程

原料处理→切块→预煮→硬化→分选→装罐→加汤汁→封罐→杀菌→冷却→包装→成品

（3）制作要点

① 原料处理。选择新鲜无病虫害、七八成熟的苦瓜为原料，对半剖开，挖去籽瓤。注意要挖尽瓤层，不伤及肉。

② 切块。切去蒂柄及瓜尖部，再切成长 70～100 毫米，宽 40 毫米的长方形块。

③ 预煮。将苦瓜块放入沸水中煮 2 分钟，然后用清水冷却透。

④ 硬化。将石灰澄清水稀释 1 倍，放入苦瓜块浸泡 1 小时，捞出用清水漂洗干净。

⑤ 分选。在硬化后的瓜块中，剔除瓜色变黄、组织软烂、病虫斑疤及不规则瓜块。

⑥ 装罐。采用 8113 罐型，每罐装瓜块 360～365 克，加满汤汁。同罐中要求瓜块色泽、大小形状较为一致。汤汁配制：配制成 30％糖液，另加 0.1％山梨酸钾和 0.1％～0.2％柠檬酸。

⑦ 封罐、杀菌、冷却。加入汤汁后要趁热立即封罐。封罐采用真空封罐，其真空度为（0.05～0.06）×10^6帕。杀菌采用常压灭菌，杀菌公式为 5′—15′—5′/110℃。杀菌后采用分段冷却至 38℃，擦干罐后入库贮存一周，检验合格，包装出厂。

特点：罐中制品色泽浅绿色，块型整齐，具有苦瓜清香，口感爽脆，甜中带苦，后味甘甜。

14. 苦瓜脯

（1）配料

苦瓜、白糖、石灰。

（2）工艺流程

选料及前处理→硬化→漂洗→糖制→沥糖→冷却→烘干→真空包装→成品

（3）制作要点

① 选料及前处理。选用肉厚、个大、无病虫害的新鲜苦瓜为原料。用清水洗去瓜表面上的尘土、污物，切去瓜蒂，切分去籽，再将瓜切成 1.0 厘米×3.0 厘米的短条状。

② 硬化、漂洗。将切分好的瓜块投入 1.0％石灰水中，浸泡 4 小时，使苦瓜中的果胶与钙离子结合成难溶的果胶酸钙，从而硬化了瓜肉。硬化后的瓜块必须用水清洗干净，直至无石灰味，使瓜肉呈中性为止。

③ 糖制、沥糖。可采取常压速煮和真空糖煮两种方法。

常压速煮法：此法简便易行。将瓜块装入网袋中，先在热蔗糖液中煮制数分钟，取出置于冷蔗糖液中浸泡，如此交替进行 4～5 次。同时逐渐将糖液浓度从 30％提高到 35％以上，待瓜块彻底透糖时即可取出沥糖。

真空糖煮法：此法效果更好。先将瓜块用 25％稀糖溶液煮制数分钟，再放入冷糖液中浸 1 小时左右，然后置于 40％～50％糖液真空熬煮 5 分钟左右，即可取出，放入冷糖液中浸 1 小时后捞出沥糖。

④ 冷却、烘干、包装。沥糖后的苦瓜块经过冷却，于 60℃左右的条件下进行烘干后用无毒聚乙烯薄膜袋进行真空包装，即为成品。

特点：成品形态整齐、饱满，呈晶莹透亮的浅黄色，具有苦瓜的清香，口感爽脆，甜中略带苦味，后味甘凉。

15. 苦瓜蜜饯

（1）配料

鲜苦瓜 100 千克，白砂糖 75～80 千克，明矾适量。

（2）工艺流程

选料→切分→浸矾→漂洗→糖煮→上糖衣→成品

（3）制作要点

① 选料。选择新鲜、无病虫害、7～8 成熟、色泽规格一致、顺直的苦瓜为原料。

② 切分。选好的苦瓜放入洗涤槽中，用流动清水充分清净，捞出沥干水分，用不锈钢刀切去两头，体表均匀刺孔，切成 1.5 厘米宽的小段，然后去籽。

③ 浸矾、漂洗。切分后的苦瓜段利用 3% 浓度的明矾溶液浸泡 1 周，以除去苦味。然后捞出清洗 3～4 天，其间换水 4～5 次。

④ 糖煮。将 55% 的糖液煮沸，投入苦瓜段，利用旺火煮 1 小时后，改用文火煮。随时加糖液，2～3 小时后，待糖液含量达 65% 时停火，静置浸泡 10～12 小时，再上火煮，待糖液含量达到 75% 以上即可。

⑤ 上糖衣。糖煮好的苦瓜段捞出，沥净糖液。再制作饱和糖液，倒入苦瓜段中，搅拌均匀，使表面均匀裹上一层糖衣，晾干即为成品。

16. 甘草苦瓜

（1）配料

鲜苦瓜 100 千克，紫苏粉 250 克，食盐 5.0 千克，甘草粉 3.1

千克，红辣椒酱 1.5 千克，辣椒粉 50 克，苯甲酸 10 克，开水 10 千克。

（2）工艺流程

鲜苦瓜整理→制干坯→制成品→上粉→包装→成品

（3）制作要点

① 鲜苦瓜整理。将苦瓜切去两头，用刀切成两半，挖去籽，切成 4 厘米长的瓜条。

② 制干坯。将切好的苦瓜条放入开水锅内烫一下，然后捞入冷水缸中，换冷水一次，浸泡一夜。次日捞出沥干水分，再入缸下盐，一层瓜条一层盐。下盐量每层依次增多。经过 1～2 天连盐水一起转缸一次，再过 1～2 天取出榨去部分水分，晒成全干，即成苦瓜干坯，放入干燥处。

③ 制成品。将相当于鲜瓜重量的开水倒入缸中，再放入辅料（除辣椒酱外）。待开水冷却后，加入辣椒酱搅拌均匀，用大木盆斜放，将苦瓜条放入盆内，淋上卤水，耙匀，然后把苦瓜条耙在木盆高处，让贴附于苦瓜条上面的卤水流下，等卤水积聚，再拌和 1～2 次，使苦瓜条干湿均匀。过一夜，出盆晒至八成干。

④ 上粉、包装。将干辣椒粉、甘草粉、紫苏粉拌匀，撒在晒好的苦瓜条上，揉擦均匀。揉匀的苦瓜条装入盒（或袋）中，密封，即为成品。

17. 蜜苦瓜

（1）配料

鲜苦瓜 100 千克，白砂糖 75 千克，明矾 3.0 千克。

（2）工艺流程

鲜苦瓜整理→浸矾→漂洗→烫漂→糖煮→糖渍→再糖煮→上糖衣→包装→成品

（3）制作要点

① 鲜苦瓜整理。苦瓜用清水洗净，切去两端，以专用针具刺瓜体，再将苦瓜切成 1 厘米长的小片，挖去籽。

② 浸矾。先将 3.0 千克明矾溶于 90 千克水中，然后倒入苦瓜片浸矾 7 天，去苦味。

③ 漂洗。捞出苦瓜片放入清水缸内进行漂洗，每天换水 3～4 次，漂洗 4～5 天。

④ 烫漂。将苦瓜片倒入沸水中煮 15 分钟捞起，放入清水中漂洗 1 天，换水 2～3 次。

⑤ 糖煮。将 60％的糖浆液倒入苦瓜坯锅内进行煮制。先用旺火煮 1 小时后改用中火，煮至糖水减少后，再加糖浆，以保持糖浆浸没瓜坯为宜。

⑥ 糖渍。糖煮 2.5 小时后，糖浆浓缩到含量为 65％时，即可起锅，静置糖渍 12 小时以上，甚至数月后再糖煮。

⑦ 再糖煮。糖渍的瓜坯同糖浆一起倒入锅内煮制 1 小时，当糖浆浓缩至含量为 75％以上拉丝时即可起锅。

⑧ 上糖衣、包装。起锅后的瓜坯稍摊凉，加入 10％的糖粉拌匀，即可成蜜苦瓜。包装后即为成品。

六、丝瓜

（一）概述

丝瓜又名水瓜、天丝瓜、布瓜、蛮瓜、天络瓜、棉瓜、絮瓜等，原产于印度尼西亚，最早出现于印度的野生种，唐朝时传入我国南方。我国的华南、华东、华中等省一般在春、夏季栽培较多，而北方栽培较少。在 20 世纪 80 年代后，随着市场需求越来越多样化，北方地区需求量不断增加，华北等地采用冬季日光温室栽培发展迅速，冬、春季也上市供应。

丝瓜分普通丝瓜（圆长）和有棱角丝瓜（较短）两种。普通丝瓜生长势较强，果实从短圆柱形到长圆形，表面粗糙，有数条墨绿色纵纹，无棱，主要品种有南京长丝瓜、线丝瓜等。有棱角丝瓜别名为棱丝瓜，长势比普通丝瓜稍弱，需肥多，不耐瘠薄，品质较好，果实短圆柱形到长圆柱形，颜色墨绿色，主要品种有广东的青皮丝瓜、乌耳丝瓜、棠车丝瓜等。现在我国著名的丝瓜品种有南京的长丝瓜、上海的香丝瓜、武汉白玉霜、浙江青柄白肚，驯马尾丝瓜、合州丝瓜、北京棒丝瓜等。丝瓜在瓜类蔬菜中营养价值较高，每百克嫩丝瓜含水 92.9 克，蛋白质 1.5 克，脂肪 0.1 克，碳水化合物 4.5 克，粗纤维 0.5 克，灰分 0.8 克，并含胡萝卜素、维生素 B_1、维生素 B_2、尼克酸、维生素 C，矿物质钾、钠、钙、镁、铁、磷，以及皂苷、丝瓜苦味质、瓜氨酸、多量黏液等。

丝瓜味甘、性平、无毒。具有清热化痰、凉血解毒、通络下乳、清热通便、美容润肤的功效，是炎热季节里祛暑清心的最佳蔬菜。

丝瓜浑身都是药。丝瓜子、丝瓜络、丝瓜藤、丝瓜叶、丝瓜根、丝瓜花、丝瓜霜等均可起药物作用。

（二）制品加工技术

鲜丝瓜肉质较嫩，作为家常蔬菜，可炒、烧、煮，可配荤、配素，做汤也可，还可做饮品罐头等。

1. 丝瓜饮料

（1）配料

丝瓜、焦磷酸钠、亚硫酸钠、羧甲基纤维素钠、芹菜汁、姜汁、白糖、食盐、味精。

（2）工艺流程

原料选择及预处理→预煮→破碎→榨汁→过滤→调配→均质→脱气→灌装→杀菌→冷却→包装→成品

（3）制作要点

① 原料选择及预处理。选用八九成熟，生长良好。组织脆嫩，肉质新鲜，呈绿色或深绿色，无褐斑，无病虫害、腐烂及机械损伤的丝瓜为原料，用清水洗净，然后用刀削去皮。

② 预煮。采用沸水预煮，以煮熟为度，及时出锅，并迅速用冷水冷却至室温，预煮前可用 0.1% 焦磷酸钠或 0.2% 亚硫酸钠进行浸泡护色。预煮的主要目的是灭酶、软化组织，提高出汁率。

③ 破碎。将预煮处理的原料送入破碎机中进行破碎，为使榨

汁顺利，可反复破碎 2～3 次，破碎后的碎块为 1～2 毫米。

④ 榨汁、过滤。破碎后的原料放入螺旋式压榨机进行榨汁。榨出的汁液经过 100 目的过滤器过滤，得到丝瓜汁液。

⑤ 调配。过滤后的汁液加入 0.1％羧甲基纤维素钠作为稳定剂，然后根据配方，可以调配成酸甜味、咸鲜味、辛辣味等，以满足不同消费者的需求。

甜酸味只要添加糖和有机酸，产品酸甜适口，风味爽口。咸鲜味则添加盐和味精，清香可口，咸酸适宜，具有鲜味。辛辣味则添加 5％～10％的芹菜汁和 1％～2％的姜汁及糖、盐、味精等调味剂。也可以不添加任何调味剂，制成原味汁等。

⑥ 均质、脱气。为防止灌装后产品产生沉淀，影响外观和口感，将调配好的产品汁液需经高温高压均质处理，均质压力在 18 兆帕以上。均质后的汁液利用真空脱气机进行真空脱气。

⑦ 灌装。采用聚酯（PET）/铝箔（AL）/聚丙烯（CPP）复合膜袋（立体袋）进行灌装，灌装温度不低于 65℃，以 180～210℃ 温度熔封，并逐袋检验封口质量。

⑧ 杀菌、冷却。采用 100℃杀菌 5 分钟，杀菌结束后用流动水冷却至常温，即为成品。

特点：制品呈绿色或浅绿色，无杂色。具有新鲜丝瓜特有的香气和滋味，口感清爽，协调柔和，无异味，汁液均匀浑浊，长期放置后允许少量沉淀，无杂质存在。

2. **丝瓜乳酸菌饮料**

（1）配料

30％～40％丝瓜浆液、0.6％柠檬酸、0.5％苹果酸、0.4％～0.6％白砂糖、1.5％蜂蜜、0.045％～0.05％蛋白糖、0.06％异抗坏血酸、黄原胶 0.1％、海藻酸钠 0.1％＋蔗糖酯 1.0％作为混合稳定剂，加水至 100％。

（2）工艺流程

丝瓜清洗去皮 → 切块 → 预处理 → 打浆 → 粗滤 → 细磨 → 脱气 ┐

发酵剂的制备 ┘

接种 → 发酵 → 调配 → 均质 → 灌装 → 杀菌 → 冷却 → 成品

（3）制作要点

① 丝瓜清洗去皮。应挑选无腐烂、无病虫害及杂质的丝瓜，削去皮，对剖去籽去瓤，用清水冲洗沥干水分。

② 切块、预处理。将沥干水分的丝瓜切成小块，以利于进行取汁。丝瓜块利用 0.1％的焦磷酸盐溶液浸泡 4 分钟，使丝瓜颜色更加鲜艳，并起到防酶、防氧化作用，捞出后，将丝瓜块在沸水中煮 5 分钟，使酶失去活性，然后进入打浆机中，将丝瓜块打成浆液。

③ 粗滤、细磨。将得到的瓜浆液利用 60 目的滤布进行过滤，除去浆液中的粗纤维及杂质。为了提高原料出汁率，将粗滤的汁液再用胶体磨进行细磨。

④ 脱气。经细磨后的汁液在真空度为 0.06～0.1 兆帕条件下脱气 20 分钟，除去浆液中的氧气和气泡，以保证成品的质量。

⑤ 发酵剂的制备。将脱脂乳粉用无菌水调制 11％的乳液分装于试管中，置于高压蒸汽灭菌锅中，在 120℃杀菌 15～18 分钟成为培养剂。选用产酸适宜、风味良好的嗜热链球菌和保加利亚乳杆菌，以 1∶1 或 1∶2 的比例混合接种于培养剂中，经过 3～4 次传代培养，再进行扩大培养，制成母发酵剂和生产用发酵剂。

⑥ 接种、发酵。在脱气后的浆液中，加入 3％～4％的生产发酵剂，置于 40℃恒温培养箱中发酵 20 小时左右，使总酸量达到 0.5％左右，取出置于 5℃条件下放置 20 小时左右，使风味更纯正。在此期间，风味物质双乙酰明显增加。丝瓜浆液浓度应为

30％～40％，此时发酵产品更好。

⑦ 调配。在经发酵的浆液中按配料比加入各种原料混合均匀。

⑧ 均质、灌装。将混合料液加热到55℃，在25兆帕下进行均质处理，使其料液微细化，提高料液黏度，增强稳定性效果。均质后立即进行灌装并封口。

⑨ 杀菌、冷却。经灌装封口后的料液送入杀菌锅中，在121℃的条件下杀菌8～10分钟，然后进行分段冷却至50℃，从杀菌锅中捞出，再经进一步冷却至常温，经检验合格者即为成品。

特点：制品呈天然淡黄绿色，色泽均匀一致，具有丝瓜特有的风味，酸甜适宜，清凉爽口。

3. 丝瓜脯

（1）配料

丝瓜、柠檬酸、硫酸锌、硫酸钙、白砂糖。

（2）工艺流程

原料选择和预处理→热处理→钙化→糖渍→烘干→包装→成品

（3）制作要点

① 原料选择和预处理。选用5～6成熟，瓜直整齐，直径为4～5厘米左右的新鲜嫩丝瓜为原料，然后用刀轻轻将表皮刮干净（以表皮的绒毛、蜡质不残留，瓜肉不刮掉为宜），去头尾。用流动水将丝瓜冲洗干净备用。

② 热处理。将经预处理的丝瓜切成1毫米厚的丝瓜片，加入到 pH 值为4的柠檬酸溶液和10毫克/千克硫酸锌混合液中，加热95℃约3分钟，捞出后用流动的水冲凉备用。

③ 钙化。将经热处理的丝瓜片浸入0.5％的硫酸钙溶液中浸泡1～1.5 小时，使丝瓜片呈现明显的瓜纹状，即钙化结束。用流动自来水冲洗并沥干水分。

④ 糖渍。把钙化的丝瓜片置于 40％的白糖液中，浸至瓜片基本透明，加热煮 2 分钟后捞出。然后在浸糖液中再加入瓜片重量 38％的白糖，加热使之溶化后，加入瓜片，煮 2 分钟，浸渍 12 小时，再加热煮约 2 分钟，将瓜片捞出。糖液中再加入糖约第一次的 2 倍，加热使糖溶化后，再加入柠檬酸调至甜中带微酸，再加入瓜片热浸约 12 小时，至瓜片透亮，将糖液煮至稍凉拉丝为好，继续浸至瓜片透亮。

⑤ 烘干、包装。将瓜片捞出，沥尽糖液，在 55～60℃中烘 2 小时后，用鼓风机吹至瓜片不黏，表面粘一层糖，手折可断，即为成品，可用玻璃纸包装，美观又防潮。

特点：制品丝瓜脯呈绿白色片状，不粘手，手折可断，酸甜可口。具有果脯的特有风味，常温可保存半年。

4. 丝瓜营养保健冰淇淋

（1）配料

丝瓜汁 10％、全脂奶粉 6.5％、白砂糖 17％、人造奶油 5.5％、复合乳化稳定剂、香兰素适量、β-环糊精、维生素 C，其余为饮用水。

（2）工艺流程

制备丝瓜汁 ┐
　　　　　├→ 混合 → 杀菌 → 均质 → 冷却 → 老化 → 膨化 → 注模 →
辅料预处理 ┘

硬化 → 包装 → 入库冷藏

（3）制作要点

① 制备丝瓜汁。选择色泽青绿、瓜肉青嫩的新鲜丝瓜，去皮，用清水洗涤后切成 0.5 厘米左右的小块，按丝瓜：水＝1：2 投入到组织捣碎机中打浆。浆液经过 120 目的离心机过滤后即为瓜汁，

然后在丝瓜汁中加入 0.02％维生素 C 护色，最后加入占丝瓜汁量 0.3％的 β-环糊精，混匀备用。

② 辅料预处理。将白砂糖与适量水放入夹层锅中，加热搅拌，熬成糖浆备用。将奶粉与适量水混合备用。把复合乳化稳定剂用适量热水溶解，保证胶体完全溶解于料液中备用，将人造奶油融化后备用。

③ 混合。将瓜汁和预处理辅料一同投入冷热缸中，一边搅拌一边加热。混合料液的溶解温度保持在 40～50℃，较低温度有利于有效保留丝瓜中的维生素等活性成分。

④ 杀菌。采用巴氏杀菌方法，在 78℃下杀菌 15～30 分钟，然后迅速冷却，防止时间稍长出现蒸煮味和焦糖味。冷却后加入香兰素。

⑤ 均质。杀菌后的混合液冷却至 65℃时，采用两次均质方法：一次均质压力 20 兆帕左右，二次均质压力 25 兆帕左右。均质使混料中的脂肪球微粒化。

⑥ 冷却、老化。均质混合液温度在 60℃ 以上，应迅速冷却，以免脂肪球上浮，减少香味物质的散发。冷却老化可分两步进行：首先将混合料温度降至 10～13℃，保温 2～3 小时，然后将料液冷却到 2～4℃，保温 3～4 小时。

⑦ 膨化。将混合料放入 −4～−2℃ 机中强制搅拌，并调整进气量，使混合料的体积逐渐膨胀，形成优良的组织形态。

⑧ 注模、硬化。将膨化的混合料注入模具，在 −23℃ 以下硬化 10 小时左右，完成在冰制品中形成极细小冰结晶的过程，使其保持适当的硬度，保证产品质量。

⑨ 包装、入库冷藏。将冰淇淋用适当容器包装，待检验合格后，装箱入库冷藏。

特点：制品呈淡绿色，色泽均匀，口感绵甜爽口，具有清淡丝瓜味道，滋味和谐，香气纯正无异味。组织结构滑润细腻，质地紧密，无凝粒及明显结晶，无空洞，无杂质。形态完整，大小一致，无变形。

5. 丝瓜香肠夹

（1）配料

丝瓜、香肠、面粉、食盐、姜、蒜、食用油等。

（2）工艺流程

原料选择→预处理→初加工→调糊→油炸→炖烧→成品

（3）制作要点

① 原料选择。选取新鲜约 5～6 成熟的嫩丝瓜为原料，要求瓜体直且整齐，直径在 4～5 厘米左右最好。

② 预处理。将选取的丝瓜刷净，然后用刀轻轻地将表皮刮干净，切去头尾。利用流动水将丝瓜冲洗干净。注意：刮丝瓜表皮时，要用力均匀且不宜太大，以刮去皮上的绒毛、蜡皮，瓜肉不刮掉为宜。

③ 初加工。选择经预处理的丝瓜较直而且整齐部分，用刀将其切成 1～1.5 毫米厚的"连刀"或"连三刀片"段备用。把香肠切成 1.0 毫米厚的片，夹在丝瓜片中备用。

④ 调糊。将面粉加入适量的水，搅拌呈糊状，再加入适量盐搅拌均匀备用。

⑤ 油炸。把丝瓜香肠夹放入调好的面糊中，用筷子拌和，使其表面被面糊包裹均匀。当锅中的油达到 6～7 成热时，将丝瓜香肠夹放入进行油炸，不断翻个，直至丝瓜香肠夹呈金黄色时即可出锅。

⑥ 炖烧。在砂锅中加入适量水烧开后，加入油炸丝瓜香肠夹，然后加入盐、作料、姜末、蒜末，烧 2～5 分钟出锅，加入味精，搅拌均匀，即成为成品。

6. 肉茸夹丝瓜

（1）配料

丝瓜 10.0 千克，猪五花肉 1.5 千克，牛奶、熟猪油、熟火腿各 1.0 千克，水淀粉、虾仁、水发玉兰片、水发冬菇各 0.5 千克，鸡蛋 100 个，食盐、味精、葱末、姜末各少许。

（2）工艺流程

选料及预处理→馅料制作→夹合→蒸制→浇汁→成品

（3）制作要点

① 选料及预处理。选用约 6～7 成熟的嫩丝瓜为原料，削去两头，刮去外皮，切成 5 厘米长、3 厘米宽的块。虾仁洗净剁成茸。猪五花肉洗净切成丁。冬菇、玉兰片、熟火腿分别切成小丁。鸡蛋磕于盆内。

② 馅料制作。磕鸡蛋于盆内，放入虾茸、水淀粉、食盐少许，拌和均匀，再放入猪肉丁、冬菇、火腿、玉兰片等及葱姜末拌和成馅心料。

③ 夹合。取丝瓜一块，抹上肉馅，再取另一块丝瓜夹在肉馅上，制成丝瓜夹状，依次制作夹完后，排放在碗内。

④ 蒸制。将排放好的碗放入笼屉内置于蒸锅上，用旺火蒸制 10 分钟，至熟后，取出放入盘内。

⑤ 浇汁。炒锅置于火上，放入熟猪油、蒸丝瓜汤、食盐、味精烧沸，用水淀粉勾芡，放入牛奶，淋入少许猪油，起锅浇在瓜盘中，即为成品。

特点：制品汤汁乳白，瓜嫩肉香，美味可口。

7. 滚龙丝瓜

（1）配料

丝瓜 1.0 千克、罐头蘑菇 100 克，香油、食盐各 5 克，味精 3

克、水淀粉 8 克、花生油 500 克（实耗 75 克）。

（2）工艺流程

选料及预处理→滑油→烧制→浇汁→成品

（3）制作要点

① 选料及预处理。选用大拇指粗细的丝瓜，刮去外皮，削去两头，用清水洗净，切成 6 厘米长的段，刻成兰花形刀纹。蘑菇切成片。

② 滑油。炒锅置于火上，放入花生油，烧至六成热时，投入丝瓜段，滑油 2 分钟后捞出沥油。

③ 烧制。炒锅留少许油，复火上，加入蘑菇片煸炒一下，加入清水 300 克烧开，投入沥油后的丝瓜段，加入食盐、味精，烧至入味，将丝瓜、蘑菇捞出，装入汤盆内。

④ 浇汁。炒锅中的卤汁加热用水淀粉勾薄芡，淋入香油，浇在丝瓜、蘑菇上，即为成品。

特点：制品色泽翠绿，形如滚龙，清香软嫩，鲜咸爽口。

8. 丝瓜酿肉

（1）配料

丝瓜 500 克，猪肥瘦肉 150 克，鸡蛋 3 个，香油、米醋各 15克，酱油 20 克，干淀粉，水淀粉各 15 克，鲜汤 25 克，食盐、味精、白糖各适量。

（2）工艺流程

原料处理→肉泥制作→灌装→蒸制→切片→浇汁→成品

（3）制作要点

① 原料处理。将丝瓜刮去外皮，洗净，切成 6 厘米长的段，然后将丝瓜一端开个洞，且勿将丝瓜弄裂。

② 肉泥制作。将肥瘦猪肉洗净，剁成肉泥，放入碗内，加入

鸡蛋液一个，水淀粉 10 克，食盐、白糖、味精少许，搅拌均匀，即为肉泥。

③ 灌装。一端开洞的丝瓜段，撒上少许干淀粉，将肉泥均匀地灌进丝瓜内。

④ 蒸制、切片。将灌肉泥的丝瓜段置笼屉中，上锅用旺火蒸熟，取出冷却后，切成圆片，放在盘中码好。

⑤ 浇汁。炒锅置于火上，倒入鲜汤、酱油、米醋、味精，烧开后用水淀粉勾芡，淋入香油，浇在瓜酿肉片上，即为成品。

特点：制品清鲜味美。

9. 如意丝瓜卷

（1）配料

丝瓜 500 克，净鱼肉 100 克，生猪肥膘肉 25 克，蛋清 2 个，水淀粉、葱姜汁各 10 克，鲜汤 50 克，食盐、酱油、味精、白糖、胡椒粉各适量。

（2）工艺流程

选料处理→制馅料→制卷、蒸制→浇汁→成品

（3）制作要点

① 选料处理。选取的丝瓜刮去外皮，削去两头，切成 8 厘米长的段，放沸水锅中焯一下，取出晾凉，用刀旋成大片放在盘内。

② 制馅料。将鱼肉、猪肥膘肉分别剁成茸，同放一碗内，加入葱姜汁、食盐、味精、蛋清、少量清水，调制成鱼肉馅。

③ 制卷、蒸制。将鱼肉馅分别抹在丝瓜片上，卷成如意形状，放在抹油的盘内，上笼蒸熟。

④ 浇汁、成品。炒锅置于火上，放入鲜汤烧沸，放入酱油、白糖、胡椒粉、味精烧开后，用水淀粉勾芡，浇在如意瓜卷上，即为成品。

特点：制品形状似如意，青白分明，味道鲜美。

10. 桃仁丝瓜

（1）配料

丝瓜 500 克，核桃仁 120 克，熟猪油 500 克（实耗 40 克），熟鸡油 10 克，鲜汤 100 克，食盐、味精、料酒、葱姜末各 4 克，水淀粉。

（2）工艺流程

原料处理→滑油→烧汁→成品

（3）制作要点

① 原料处理。将丝瓜洗净，削去两头，刮去外皮，切成 4 厘米长、1.5 厘米宽、0.5 厘米厚的片。核桃仁放碗内，注入沸水浸泡 5 分钟，剥去外皮。

② 滑油。炒锅置于火上，放入熟猪油，烧至五成热时，放入丝瓜片、桃仁滑油 1 分钟，捞出沥油。

③ 烧汁。炒锅中留少许油上火，放入葱末、姜末炸出香味，再放入鲜汤、食盐、味精、料酒、丝瓜片、核桃仁，用旺火烧开，再加水淀粉勾芡，淋入鸡油，即为成品。

特点：制品丝瓜碧绿、桃仁色白，香酥滑嫩，清淡适口。

七、菜瓜

（一）概述

菜瓜是甜瓜的一个变种，别名生瓜、稍瓜、越瓜、白瓜、蛇甜瓜等。原产于东南亚的越南及我国，现在我国南北各地都有栽培。

菜瓜可食部分为 97%，每百克含蛋白质 0.9 克，脂肪 0.2 克，碳水化合物 4.2 克，粗纤维 0.7 克，灰分 0.2 克，还含有胡萝卜素、维生素 A、维生素 B_1、维生素 B_2、维生素 C、维生素 E、尼克酸，矿物质钾、钠、钙、镁、铁、锌、铜、锰、磷、硒，以及糖和柠檬酸等营养物质。常食对增强人体抵抗疾病能力很有益处。

菜瓜味甘、性寒、无毒。具有利肠胃、止烦渴、利小便、去烦热、解酒毒、泄热气等功效。适宜夏天气候炎热、心烦气躁、闷热不舒、热后口干作渴、小便不利的人食用。

（二）制品加工技术

菜瓜果肉质地坚实，而汁少，食用方法较多，宜酱、腌，可炒、烧，可熟制，也可作菜肴的配料。

1. 酱菜瓜

（1）配料

新鲜菜瓜 20 千克，酱油 50 克，五香粉 10 克，味精 50 克，白糖 150 克，香油 200 克。

（2）工艺流程

选料→清洗→去瓤→切条→装罐→腌制→捞出→挤干汁液→淋油→成品

（3）制作要点

① 选料。选取短粗、上下粗细均匀、呈直筒形的品种。一般长为 20～25 厘米，无大肚和大嘴的菜瓜为原料。

② 清洗。将菜瓜用清水洗掉表面的泥沙、杂质和残留农药。

③ 去瓤、切条（丝）。洗净的菜瓜，削去两头，用刀平剖成两半，剜去瓜瓤和籽，切成 6 厘米长的粗丝。

④ 装罐、腌制。将切好的菜瓜粗丝放在罐内，加入酱油、五香粉、白糖、味精腌渍 3～4 天，待瓜丝呈酱色时，捞出挤干汁液分放盘内。

⑤ 淋油。装盘后的瓜丝，淋上香油，即为成品。

特点：制品色泽酱红，口味咸甜，可配粥食用，系家常小菜。

2. 腌酸甜菜瓜

（1）配料

菜瓜 10 千克，食盐、香油各 250 克，白糖、白醋各 400 克，红辣椒粉适量。

（2）工艺流程

原料处理→腌渍→揉搓腌制→拌料、装坛→加油→成品

（3）制作要点

① 原料处理。将菜瓜洗净，用刀直接切成细长条，除去瓜瓤和籽。

② 腌渍。用食盐均匀抹擦于瓜条上腌渍一天后，取出晒一天。

③ 揉搓腌制。晒至瓜条变柔软时，放通风处晾凉，用白糖、白醋揉搓，腌渍一天后，再晒一天取出晾凉。

④ 拌料、装坛。将晾凉后的瓜条撒上红辣椒粉装坛，数日后即可取出，拌入香油即为成品可供食用。

特点：制品质脆，酸甜咸辣，可开胃助消化，增加食欲。

3. 姜丁菜瓜

（1）配料

菜瓜 20 千克、生姜 100 克，食盐 75 克，酱油适量。

（2）工艺流程

原料处理→装罐→腌渍→漂洗→浸泡→成品

（3）制作要点

① 原料处理。将菜瓜洗净，晾干表面水分，挖去瓜瓤和籽，再切成四条。生姜、洗净、刮皮，切成小姜丁。

② 装罐、腌渍。将姜丁与瓜条放在罐内，加入食盐，腌渍一天。

③ 漂洗。再将腌渍的瓜条从罐中取出，用清水漂净盐分，放在日光下，晾晒至七成干，收进摊凉。

④ 浸泡。摊凉的瓜条和姜丁放入酱油中浸泡一天后，即为成品。

特点：制品菜瓜呈酱红色，质地脆嫩，味鲜咸香辣，可作佐酒食用。

4. 甜酱菜瓜

（1）配料

菜瓜 20 千克，食盐 1.0 千克，甜面酱 4.0 千克，白糖 500 克，香油 100 克。

（2）工艺流程

原料处理→装罐、腌渍→二次装罐→切片→拌料→成品

（3）制作要点

① 原料处理。将菜瓜洗涤干净，削去两头，平剖成两半，去净瓜瓤和籽，沥干水分。

② 装罐、腌渍。将沥干水的菜瓜放入罐内，加入食盐拌匀，腌渍 10 小时取出，沥干盐水。

③ 二次装罐。将沥干盐水的菜瓜放入罐内放入白糖、甜面酱，拌和均匀，密封罐口数日。

④ 切片、拌料。待菜瓜变成黄色时取出，切成 3 厘米长、0.5 厘米宽的片，拌上香油、食盐，即为成品。

特点：制品菜瓜脆嫩，口味甜咸，香油味浓郁。

5. 菜瓜酱

（1）配料

菜瓜 2.5 千克，生姜 60 克，白糖 400 克，食盐、香油各 10 克，橘子 2 只，柠檬 3 个。

（2）工艺流程

原料处理→绞碎→加辅料→煮制→成品

（3）制作要点

① 原料处理。将菜瓜洗净，削去两头，剖开去瓤去籽，切成小块。橘子去皮和籽。

② 绞碎。将菜瓜块、橘子、柠檬放入绞肉机中绞碎。

③ 加辅料。绞碎的物料放入盆内，加入洗净拍松的姜块、白糖、食盐，放置 24 小时。

④ 煮制。放置的物料，再放入锅中煮 10 分钟，拣出姜块，淋入麻油，即为成品。

特点：制品菜瓜细嫩，口味酸、甜、香、辣，可蘸烧饼食用，也可作小菜下饭吃。

6. 蒜酱菜瓜片

（1）配料

菜瓜 2.0 千克，蒜头 200 克，酱油、香油各 15 克，味精、白糖各 5 克。

（2）工艺流程

原料处理→切片→烫漂→拌辅料→成品

（3）制作要点

① 原料处理。将菜瓜用清水洗净，削去两头，剖成两半，除去瓜瓤和籽。蒜头剥去外皮，放入臼内捣成泥状备用。

② 切片、烫漂。经处理的菜瓜，用刀切成 3.5 厘米长、1.5 厘米宽、0.5 厘米厚的瓜片，放入沸水锅内漂烫约 2 分钟，捞出沥水，放在盘内。

③ 拌辅料。将沥干水分的菜瓜片中加入蒜泥、酱油、味精、白糖、香油拌和均匀，即为成品。

特点：制品菜瓜片脆嫩，蒜味鲜香适口，系家常菜之一。

7. 麻辣菜瓜

（1）配料

菜瓜 10 千克、酱油 80 克，味精 10 克，白糖、生姜各 50 克，香油、辣椒粉、花椒粉各 100 克。

（2）工艺流程

原料处理→切片→拌辅料→成品

（3）制作要点

① 原料处理。将菜瓜洗净，削去两头，用刀平剖成两半，去瓤和籽。生姜刮去外皮，切成细末备用。

② 切片。将去瓤和籽的菜瓜，切成 2 厘米长的菱形块，放在沸水锅中焯 3 分钟，捞出沥干水分备用。

③ 拌辅料。将沥干水的菜瓜块放盆中，加入切细的姜末，再加入花椒粉、辣椒粉、酱油、白糖、味精、香油拌和均匀，即为成品。

特点：制品菜瓜块脆嫩，口味麻辣，香气浓郁，是四川风味菜肴。

8. 甜辣菜瓜

（1）配料

菜瓜 100 千克，白砂糖 10 千克，辣椒糊 4.0 千克，糖精钠 8～10 克，食盐 15 千克。

（2）工艺流程

选料→清洗→腌制→脱盐→配料→调制→成品

（3）制作要点

① 选料、清洗。选取短粗、上下粗细均匀、呈直筒形，无大肚和尖嘴的菜瓜为原料，用清水洗涤除去泥沙、杂质及残留农药。

② 腌制。将菜瓜清洗后倒入缸内，按 100 千克的原料用食盐 15 千克进行腌制。具体作法是：一层菜瓜一层食盐，逐层下缸，直至把缸腌满为止。腌后每天倒缸 2 次，2～3 天后即可

出缸。

③ 脱盐。将腌好的菜瓜捞出放入清水缸内浸泡漂洗，脱去盐分。浸泡时要经常换水。一般每 24 小时换水 3 次，夏季为 2 次，而后将浸泡后的菜瓜捞出，沥去水分成为菜瓜坯。

④ 配料。每 100 千克原料加入白糖 10 千克，糖精钠 8～10 克，辣椒糊 4.0 千克。而且将白糖熬制成 70 波美度的浓糖浆，再经加热杀菌，过滤除杂后使用。

⑤ 调制。将配料充分搅拌均匀后，把经过脱盐处理的菜瓜坯放入，浸渍 24～48 小时，取出即为成品。

特点：菜瓜为黄绿色，菜瓜坯上粘有红色辣椒糊，大方美观，风味甜辣爽口，并辣味突出。

9. 蜜汁菜瓜

（1）配料

菜瓜坯 100 千克，白砂糖 10 千克，蜂蜜 2.0 千克，香油 1.0 千克，味精 200 克，辣椒糊 4.0 千克。

（2）工艺流程

原料处理→配料→腌渍→成品

（3）制作要点

① 原料处理。从市场购进菜瓜坯，进行脱盐、榨水后备用。

② 配料。将白糖、蜂蜜、香油、味精、辣椒糊放盆中，充分搅拌均匀，即成配料液。

③ 腌渍。在配料液中把榨水后的菜瓜坯投入拌和均匀，腌渍 48 小时，即为成品。

特点：菜瓜坯黄白色，香、辣、甜、咸、鲜，蜂蜜味突出，诱人食欲。

10. 什锦菜瓜包

（1）配料

菜瓜 100 千克，食盐 23 千克，酱油 70～80 千克，甜面酱，馅料。

（2）工艺流程

选料→清洗→切顶→去籽、瓤→制坯→酱制→装馅→封盖→酱渍→成品

（3）制作要点

① 选料。选取八成熟，具有瓜香，无病虫害、腐烂、损伤的菜瓜为原料。

② 清洗。用清水洗净瓜表面上的尘土、杂质及病菌等。

③ 切顶、去籽瓤。在菜瓜顶部 2～3 厘米处横切一刀，由刀口取出籽和瓤，并把切下的部分作为瓜盖，盖一定要留在瓜内备用。

④ 制坯。每 100 千克鲜瓜用 22～23 千克食盐，分两次腌制。先用 7.0 千克盐腌一天，捞出瓜坯，再用剩余的 15～16 千克食盐，一层盐一层瓜坯码在缸内，如此再腌 2 天，每天必须倒缸一次，约一个月终止腌渍，然后将瓜坯再行脱盐，进行下一步加工。

⑤ 酱制。每 100 千克菜瓜坯加酱油 70～80 千克，并要求每天耙 2～4 次，必要时可每天倒缸一次，以便使盖和瓜皮都酱渍好。

⑥ 装馅。馅料配方：20 千克苤蓝花，5 千克黄瓜条，10 千克甘露，10 千克豇豆，2.0 千克姜丝，7.0 千克莴笋片，7.0 千克莴笋条，10 千克胡萝卜，10 千克花生，10 千克杏仁，4 千克核桃仁，5 千克藕片等拌和均匀，装入瓜皮里。

⑦ 封盖。馅料装入瓜皮中后，用酱好的瓜盖盖好，并用细麻绳采用十字架式捆好，再放入缸中酱渍。

⑧ 酱渍。在酱缸内放入瓜包后，再倒入甜面酱，酱渍 20～30

天，使酱味均匀入味，即为成品。

11. 琥珀醅菜瓜

（1）配料

菜瓜 100 千克，食盐 20 千克，饼曲 100 千克。

（2）工艺流程

选料→去籽→盐腌→制饼曲→配盐水→装缸→翻缸→晒坯→成品

（3）制作要点

① 选料。选择粗细均匀、青嫩无疤的线形菜瓜，最好当天采摘，不能在阳光下曝晒。

② 去籽。选好的菜瓜用刀剖开，挖除瓜籽和瓤。

③ 盐腌。菜瓜 100 千克，加食盐 8.0 千克，放在缸内初腌一天，第二天加食盐 12 千克，复腌 20 天。每天需翻缸，瓜皮向下，瓜心向上。在复腌时，需洗坯两次，澄卤 3 次。最终使咸瓜坯色泽黄亮，瓜皮紧脆，条干平直，瓜身厚大肥嫩。

④ 制饼曲。成曲质量应达到表面布满黄绿菌丝，受热均匀透心，无溏心，无黑霉，无异味，有曲香。破碎成粉末，最大颗粒小于 5 毫米。

⑤ 配盐水。将 70％的原复腌瓜卤加入 30％清水配成 12 波美度的盐水，加热煮沸后，冷却、澄清备用。

⑥ 装缸。咸菜瓜坯 100 千克，配饼曲粉 100 千克，先在缸底铺上一层饼曲粉，将沥干卤的咸瓜坯皮向下铺在曲饼粉上，瓜坯上再撒一层曲粉，装满为止。缸面多撒一些曲粉压紧，置阳光下晒一周后，就可倒入预先配制好的熟瓜卤 30 千克，第二天需翻缸。

⑦ 翻缸。翻缸时，将潮湿的曲粉充分掺匀，调制成均匀细腻的稠酱，先在缸底铺上一层，再将捋净曲粉的瓜坯皮向下铺一层，

上面涂一层酱，装满缸为止。

⑧ 晒坯。装满缸后每天一定要日晒，几天后，缸中瓜酱开始发酵，待发酵开始减弱时，再翻缸，方法与前一样。经过一个月的日晒夜露，瓜酱停止发酵，即为成品。

特点：成品色泽黄亮，晶莹泛光，鲜甜脆嫩，酱香浓郁，耐贮存，水分含量≤65％，食盐含量≥10％，还原糖含量≥10％。

12. **酱包菜瓜**

（1）配料

菜瓜 100 千克，食盐 10 千克，乏酱 80 千克。

（2）工艺流程

选料及预处理→制坯→初酱→打耙→倒缸→装布袋→复酱→成品

（3）制作要点

① 选料及预处理。选取无虫、无疤伤、无腐烂，以八成熟为宜的菜瓜（老阳瓜）为原料，并进行大小分级。用清水洗涤瓜料表面，去除泥沙、杂质及附着在瓜面上的部分微生物。

② 制坯。把菜瓜用清水清洗干净后，纵向切开，去净籽瓤。用布擦干水或晾干浮水，用菜瓜重 10％ 的食盐，采用一层瓜一层盐进行腌渍，共腌 48 小时，在 12～24 小时内倒缸一次。

③ 初酱与打耙。将 100 千克瓜坯先用 80 千克乏酱（使用过的次酱），调入 18 波美度的盐水 30 千克加以稀释，使瓜坯全部浸泡于酱汁中，并将这批酱缸放在太阳下曝晒。每到夜晚用席帽盖严缸口，防止雨露进入而招致腐坏。每天还要打耙 2～3 次。如此经过 30～40 天的时间，进行一次倒缸，促使产品上下条件一致，使产品质量均匀统一。继续日晒 1 个月就可达到技术要求。

④ 装布袋和复酱。从初酱缸内取出酱制的瓜坯，用 15 波美度

的盐水清洗掉粘在瓜坯上的酱后，再把瓜坯装入布袋，其装入量为布袋 2/3 的容积，扎紧袋口后，将袋埋入新酱缸中。如此再酱渍 15～20 天，使酱汁的色、香、味进入瓜坯中。坚持打耙。

⑤ 成品。从缸中取出布袋，用竹片刮去袋外粘着的浮酱，把瓜片倒出，即为成品。

特点：酱包瓜片为黄褐色、半透明状，质脆且韧，酱香馥郁，香脆可口。

八、木瓜

（一）概述

木瓜又称香瓜、番木瓜、皱皮木瓜、蓬生瓜、宣木瓜、乳瓜、万寿果、海棠梨、铁脚梨等。木瓜原产美洲的墨西哥南部，17世纪初引入中国南方栽培。现在，我国河北、河南、陕西、山东、安徽、湖北、湖南、江苏、浙江、江西、福建、广东、四川、云南等地有分布或栽培。

木瓜果肉厚实，香气浓郁，甜美可口，营养丰富，有"百益之果""水果之皇""万寿瓜"之雅称。每百克含蛋白质0.8克、脂肪0.1克、糖类13克、膳食纤维素1.7克，还含有维生素A、维生素B_1、维生素B_2、维生素C、维生素D，矿物质钙、镁、锌、铁、磷，还含有17种氨基酸，其中有7种人体必需氨基酸，果胶含量9.5克，还有丰富的苹果酸、酒石酸、柠檬酸等，其总酸量达3.22克。另外还含有皂碱、类黄酮、氧化氢酶、番瓜蛋白酶、凝乳酶、番木瓜碱。其中维生素C含量是苹果的48倍，半个中等木瓜足够供成人一整天所需的维生素C。

（二）制品加工技术

木瓜制品加工方法很多。可生食加工成水果沙拉，榨成木瓜汁制成饮料，做凉拌木瓜。熟食时，也可搭配制成营养丰富、味道鲜美的菜肴。但生食比熟食营养相对丰富。

1. 青木瓜凉拌

（1）配料

青木瓜1个，小番茄2个，大蒜2瓣，豇豆1根，红辣椒1个，花生碎末2大匙，虾米1大匙，酸子酱2大匙，鱼露1大匙，柠檬汁。

（2）制作要点

① 青木瓜去皮去籽，刨成丝，大蒜去皮切成末，小番茄切成瓣，豇豆洗净切成段，红椒去蒂洗净切成末。

② 将木瓜丝、蒜末、小番茄瓣、豇豆段及红椒末，放入一空盆中，加入调味料（柠檬汁、酸子酱、鱼露），拌匀，撒上花生碎末及虾米即为成品。

特点：成品清凉味鲜，能强化肝脏解毒功能，改善肤色暗沉。

2. 木瓜原片

（1）配料

木瓜、白糖、高锰酸钾。

（2）工艺流程

选料→洗果→去皮→切分→漂洗、去籽→热烫→糖制→干燥→包装→成品

（3）制作要点

① 选料、洗果。选择7～8成熟的木瓜，果型大小不限，要求无腐烂、无病虫害。将选好的木瓜放入清水中洗净，再放入0.3%的高锰酸钾溶液中浸泡2～3分钟，取出后再用过滤水洗净果实表

面附着的高锰酸钾溶液。

② 切分、漂洗、去籽。将洗净后的木瓜削去皮，再横切成5～7毫米厚的圆形片，放入过滤水中漂洗，并用流动水浸泡20～30分钟，以便除去果籽和部分果胶。

③ 热烫、糖制。漂洗去籽的木瓜片放入沸水中煮5～6分钟，至木瓜片能折弯而不断，取出沥去水分。沥水分后的木瓜片加热至50～60℃时撒上30%的白糖，并拌匀放置4～8小时。将浸出的液体倒入锅中煮沸7～8分钟，加入10%的糖和少量的水，使木瓜片与糖液成1:1的比例，倒入木瓜片煮至颜色开始变色。加入10%的糖，再煮至颜色变为浅黄红色。加入10%的糖，再煮到颜色变成黄红色，而且呈透明状。取出木瓜片，沥干糖液。

④ 干燥。将沥干糖液的木瓜片均匀摊放于烤盘上，送入初温为70℃左右的烘房中，在2小时内升温至100～110℃，每隔40分钟用鼓风机吹10分钟，温度保持恒定。5～7小时后降温至50～60℃，1小时后，再吹风5分钟，3小时后基本干燥至含水量为20%左右，将烘盘取出。

⑤ 包装。将木瓜片冷却到室温后，可进行包装。包装室及用具用紫外线杀菌处理1小时左右。按规格进行包装即为成品。

特点：成品呈黄红色，透明鲜亮，均匀一致，组织饱满，糖液渗透均匀，软硬适中。口感酸甜适中，具有原木瓜特有的风味，无粗糙感，无异味。

3. 木瓜青红丝

（1）配料

鲜木瓜71%，白糖29%。

（2）工艺流程

选料、处理→切丝→泡浸→漂洗→沥水→染色→糖渍→烘干→

包装→成品

（3）制作要点

① 选料、处理。选取新鲜的木瓜，利用小刨刀刨去表皮，剔除木瓜核，用清水洗净。

② 切丝、漂洗。用切丝机或手工将木瓜切成细丝，并用水稍加浸泡，漂洗干净。

③ 沥水、染色。将木瓜丝用离心机甩干或沥干水分，然后放入绿色或红色食用色素中进行染色处理。

④ 糖渍。木瓜丝经染色后用离心机甩干或沥干后，加入糖渍。待木瓜丝中渗出水分后，糖溶解而稀释，需再加糖使其浓度达到40％以上，继续糖渍48～72小时后，取出烘干。

⑤ 包装。采用聚丙烯塑料袋，用真空机抽真空进行包装，即为成品。

4. 木瓜汁保健饮料

（1）配料

木瓜，蜂蜜，食品添加剂，瓜尔胶。

（2）工艺流程

选料→去皮→切半→去籽→脱涩→切块→软化→榨汁→过滤→调配→均质→预热→高温杀菌→灌装→冷却→保温→检验→成品

（3）制作要点

① 选料、去皮。选择八成熟以上的木瓜，剔除虫斑、腐烂果。采用碱液去皮方法，去掉外皮。碱液浓度为12波美度，温度为95～100℃，时间2～2.5分钟，然后及时用清水冲洗，去掉表皮残留的碱液。

② 切半、去籽。利用不锈钢刀将木瓜纵切两半，除去籽、果蒂和萼。

③ 切块、软化。将木瓜肉切成大小均匀的小块，放入 95～100℃水中进行软化，处理时间为 3～5 分钟。

④ 榨汁、过滤。将软化的木瓜肉碎块放入螺旋式榨汁机中进行榨汁，果汁用不锈钢筒收集备用。然后用 240 目尼龙绒作为介质进行过滤，得到粗滤果汁，再送入中空纤维超过滤装置，完成超滤，得到澄清的木瓜汁。

⑤ 调配、均质。将澄清木瓜汁泵入冷热罐中，加入定量过滤后的蜂蜜和食品添加剂，加强搅拌，使各组分混合均匀，同时调整糖酸比例。添加微量瓜尔胶作为增稠剂，以提高制品口感。糖的加入量为 8%，蜂蜜加入量为 1.0%。

均质机中控制 40 兆帕的压力进行均质，以达到口感细腻、防止沉淀的目的。

⑥ 预热、高温杀菌。将木瓜汁预热到 60～80℃，用泵将料液送入超高温瞬时杀菌器内，杀菌温度为 130℃，时间为 4～5 秒钟。

⑦ 灌装、冷却。杀菌后趁热灌装入洗净经高压蒸汽消毒的铁罐中，迅速进行真空封罐。密封后的罐中心温度达到 95～100℃，然后及时进行冷却至 40℃ 以下。

⑧ 保温、检验。在 37℃ 的保温库中保存 5 天，经过检验合格即为成品。

特点：制品呈微黄色，清澈透明，具有木瓜、蜂蜜的纯正香气，风味独特，酸甜适口，浓厚木瓜味突出，并且无分层及沉淀现象，各组分呈均一散相。

5. 木瓜果酒

（1）配料

木瓜，糖，偏重亚硫酸钾，果酒酵母，明胶。

（2）工艺流程

选料→破碎→加糖、加水→主发酵→后发酵→下胶→陈酿→调配→装瓶→成品

（3）制作要点

① 选料、破碎。选取成熟的木瓜，用清水洗净，除去果核，然后加工成丝或丁状。

② 加糖、加水。首先按料水为：1∶1.5 的比例加水，再加入占木瓜和水总量 15% 的糖，50 毫克/升的偏重亚硫酸钾。加入偏重亚硫酸钾的目的是防止发酵初期杂菌的污染。

③ 主发酵。接种果酒酵母进行发酵。发酵温度 18～22℃，三天后，达到发酵旺盛阶段，待发酵液糖度达到 1.0% 以下，酒度 8.5%～9.0%，发酵即结束，可以出酒。将酒醪过滤去除，补加酒精至 12%，即可转入后发酵。

④ 后发酵。进入后发酵阶段，容器要装满，为防止过多的空气进入会造成醋酸菌污染和氧化浑浊，需加入 50 毫克/升的偏重亚硫酸钾。加入偏重亚硫酸钾是有防腐作用，它是一种抗氧化剂，具有抑制氧化酶的作用，可防止酒因氧化而产生浑浊沉淀，增加酒的稳定性。后发酶温度在 10℃ 左右。后发酵阶段，酵母进一步利用剩余的糖产生醇、酯类芳香物质。酒中的酸、醇类分子也结合生成酯类，形成了酒的香气。半个月后，结束发酵。此时残糖要求在 4.0 克/升。

⑤ 下胶、陈酿。下胶的目的是在单宁的影响下，使悬浮的胶体物质凝固而生成沉淀。在沉淀下沉过程中，酒液中的悬浮物附着在胶体上一起下沉到底，使酒变得澄清。木瓜酒单宁含量高，酒的稳定性好，易澄清。实际生产中，明胶的添加量为 0.3 克/升，待酒液一周澄清后，再转入陈酿阶段，温度为 0～4℃，进行至少 3 个月以上陈酿。陈酿后的酒果香优雅、酒香醇厚。

将陈酿好的酒过滤，按照要求进行调配后即可装瓶，作为成品。

特点：成品色泽淡黄，口味酸甜适宜，具有木瓜独特的果香味，气味清香优雅。

6. 木瓜速溶固体饮料

（1）配料

木瓜、白砂糖、麦芽糊精、柠檬酸、食盐等。

（2）工艺流程

原料挑选、清洗及处理→热烫→打浆→研磨→调配→均质→脱气→灭菌→浓缩→干燥→包装→成品

（3）制作要点

① 原料挑选、清洗及处理。挑选8～9成熟、肉厚、无腐烂、无病虫害、无损伤的木瓜为原料，用流动水清洗干净，再用不锈钢刀去皮，对半切分，挖去籽和瓤，然后再碎成直径2厘米的瓜丁。

② 热烫。破碎后的木瓜丁投入夹层锅的热水中，在95℃条件下热烫5分钟，可得到良好的灭酶效果，因木瓜破碎后发生酶氧化作用，会影响产品风味。

③ 打浆及研磨。把热烫后的木瓜丁送入打浆机中打成粗浆，再通过胶体磨磨成细腻的浆液。

④ 调配。将配料中的白砂糖、麦芽糊精、柠檬酸、食盐分别按成品中含15%、10%、0.5%、0.05%的量加入木瓜浆中，充分搅拌，使物料充分溶解完全并混合均匀。

⑤ 均质。采用40兆帕的压力将配好的料浆在均质机中进行均质，使料浆中的纤维组织更加细腻，有利于成品质量及风味的稳定。

⑥ 脱气。采用真空脱气机对均质后的料浆进行脱气，其脱气条件：温度50℃，真空度为13～15千帕。

⑦ 灭菌。采用超高温瞬时灭菌机进行杀菌，温度125℃，时间

为 3 秒钟，出料温度不低于 65℃。

⑧ 浓缩。采用低温真空浓缩法，能保持产品营养成分及风味。其浓缩条件为：温度 45～50℃，真空度 10～13 千帕，浓缩后浆液固形物含量达到 60％为宜。

⑨ 干燥。采用喷雾干燥法，其条件为：进风温度 190～200℃，排风温度 95～98℃，干燥后物料含水量不超过 3.5％。

⑩ 包装。喷雾干燥后的成品装于广口瓶密封包装，即为成品。

特点：产品呈粉末状，橙色，均匀一致，无杂质，无结块，95％以上通过 60 目筛，用沸水冲调时速溶，口感酸甜，具有浓郁的木瓜风味。

7. 糖水木瓜罐头

（1）配料

木瓜、高锰酸钾、纯碱、氯化钙、食盐、白砂糖。

（2）工艺流程

原料选择、清洗→去皮→切分→去核→硬化→装罐→排气→封口→杀菌→冷却→擦罐→检验→装箱→成品

（3）制作要点

① 原料选择、清洗。选取成熟度 8～9 成，而且基本一致，无病虫害、无机械损伤、无腐烂的新鲜木瓜为原料，用清水洗干净，然后投入 0.3％～0.5％高锰酸钾溶液中浸泡 2～3 分钟，再用清水冲洗除去木瓜表面附着的高锰酸钾溶液。

② 去皮、切分、去核。洗净的木瓜于旋皮机上去皮，也可用 25％浓碱液去皮，其方法是将碱液加热至沸，把预热的木瓜果放入，处理 15 分钟后捞出，用清洁水冲洗，去净果皮。去皮后的木瓜果实放入 3％～5％的食盐水中，防止产生变色。再将木瓜果纵切分为四瓣，去核，横切成 1 厘米厚的扇形块状。

③ 硬化。将切好的果块放入1%氯化钙溶液中，要求是氯化钙溶液要淹没果块，30分钟后捞出，用水漂洗两次。

④ 装罐、排气、封口。采用7114型号罐头瓶经消毒处理后装入285~310克果肉块，再加入30%~33%的糖液，留糖水液面高度约1厘米左右，使封罐后顶隙高度约1.5~3厘米。

装罐后立刻进行封口，采用真空封罐机进行排气、封口。封口时罐内中心温度不低于86℃左右，其密封室的真空度控制在40~50兆帕。也可采用排气箱排气。装罐后送入排气箱中排气13~15分钟，立刻封口，封口后的真空度要求在27~40千帕，能使罐头底盖维持平坦或向内凹陷的状态。

⑤ 杀菌、冷却。将罐头放入杀菌池，水温必须在70~80℃，最上层的罐头要淹没在水面下10厘米左右，升温时间控制在5~7分钟，待罐池内水达到沸点时，开始计时16~18分钟出池，立即冷却，采用分段冷却法：即80℃、60℃、40℃，以免爆瓶受损，冷却到37~38℃时，即可取出。

⑥ 擦罐、检验。冷却到终点的罐头立即擦去罐外的水珠，以免引起罐盖生锈，然后经检验合格即可装箱为成品入库。

特点：制品果肉呈淡黄色，色泽一致，糖水透明，允许存在少量果肉碎屑，果肉完整，软硬适中，口感微脆，具有糖水木瓜罐头特有的风味，无粗糙感，木瓜回味较长，无异味，酸甜适宜。

8. 木瓜酱罐头

（1）配料
木瓜。

（2）工艺流程
原料选择→清洗→修整→破碎→脱籽和预热→打浆→浓缩和再预热→装罐→排气→密封→杀菌→冷却→检验→成品

（3）制作要点

① 原料选择、清洗。选取九成熟木瓜。如果成熟度达不到九成熟要求时，可放几天催熟后才能使用。将选取的木瓜投入流动水槽中冲洗，要求洗净表面污物。

② 修整。洗净后的木瓜将不符合要求的病虫害、裂果部分修割干净，剔除青果、烂果。

③ 破碎、脱籽和预热。采用破碎脱籽机进行破碎脱籽。脱籽、去皮后的木瓜及汁液通过管式加热器加热到 75～80℃，保持 8 分钟左右，才能达到破坏果胶酶和杀灭附着的微生物的目的，保持木瓜浆液中的营养物质达到预处理要求。

④ 打浆。经预热处理后，通过打浆机进行打浆。要求进料均匀，浆液畅通，打出的浆液流入带搅拌器的贮罐中，以备浓缩。

⑤ 浓缩和再预热。一般鲜木瓜含水量约89％。将浆液料在双效逆流真空连续蒸发器中进行蒸发浓缩，待浆液浓度达到28％～30％时，应加热至 90～95℃消毒，然后立即装罐。

⑥ 装罐。装罐前空罐必须清洗干净，用沸水或蒸汽灭菌消毒。装罐时的空罐温度保持在 90℃以上，防止二次污染。根据罐型不同装罐量不同。罐号为 9121 的装罐量为 850 克，罐号为 15267 的装罐量为 5000 克。

⑦ 排气、密封。装罐后，要立即进行排气和密封，密封后罐头内的真空度要达到 26.7～39.9 千帕。

⑧ 杀菌、冷却、检验。装罐量不同的罐头杀菌条件不同。净重 850 克的罐头在 100℃水中杀菌 35 分钟，净重 5000 克的罐头于 100℃水中需 40 分钟。经过杀菌的罐头及时冷却到 37℃左右。木瓜酱罐头经过倒置保温、检验，剔除不合格产品，即可贴标作为成品。

特点：成品橙色，有光泽，均匀一致。具有木瓜风味，酸甜爽口，无任何杂质存在。

9. 木瓜低糖脯

（1）配料

木瓜、氯化钙、亚硫酸钠、磷酸二氢钾、白砂糖、羧甲基纤维素钠、氯化钠、甘油。

（2）工艺流程

原料挑选、清洗和处理→硬化→漂洗→热烫→真空渗糖→沥糖液→烘干→包装→成品

（3）制作要点

① 原料挑选、清洗和处理。选取无机械损伤，无病虫害，呈黄绿色的木瓜果实，利用清水洗去果实表面灰尘、污物及杂质。然后削去果皮，挖去籽瓤，沿果实纵轴切开，切成长 5 厘米、宽 2～3 厘米、厚 0.6 厘米的长条。

② 硬化。把切好的瓜条投入氯化钙＋亚硫酸钠＋磷酸二氢钾＋氯化钠的混合溶液中浸泡 2 小时。其中氯化钙起硬化作用，亚硫酸钠起防变色作用，氯化钠有利于胶体及糖液渗入瓜肉，可改善果脯体透明度，磷酸二氢钾可提高凝胶强度。

③ 漂洗、热烫。采用清水漂洗瓜条表面数次后，再用 95℃热水热烫 5 分钟，捞起浸入冷却水中急速冷却。

④ 真空渗糖。采用两次抽真空渗糖处理，第一次用 30％的糖液，在 0.09 兆帕的真空度下处理 20 分钟，然后常压下浸渍 1 小时。第二次用含糖 50％的糖液，在 0.09 兆帕真空度下处理 20 分钟（10 分钟后加 1％甘油），常压下浸渍 4 小时，加入甘油可使瓜条色泽光亮。

浸渍糖液及溶胶制备：浸渍糖液中的木瓜原果汁占 20％，配制糖量为 30％和 50％的浸渍液各一份（其中转化糖占 50％～60％）。再称取占浸渍糖液总量 0.4％的羧甲基纤维素钠和 0.5％的

氯化钠，溶于糖液中，预热到 60℃备用。

⑤ 沥糖液。经两次浸渍的瓜条利用冷水将表面的糖液洗去，以防成品粘手，然后沥干。

⑥ 烘干。采用分两阶段烘干，首先在 55℃条件下烘 1 小时，然后升温至 75℃再烘 3.5 小时，瓜条含水量低于 22％即可。

⑦ 包装。采用真空度 0.08 兆帕下，用聚乙烯袋按 100～200 克定量包装，包装后即为成品。

特点：制品呈均匀金黄色，半透明状，有光泽，组织饱满，质地柔软，不粘手，具有木瓜的鲜香风味，酸甜适口，在保质期内不流糖、不返砂。

10. 木瓜保健软糖

（1）配料

木瓜肉 1.0 千克，麦芽糖醇 20 千克，山梨糖醇 15 千克，异麦芽低聚糖 5.0 千克，羧甲基纤维素钠 0.6 千克，卡拉胶 0.2 千克。

（2）工艺流程

① 木瓜全肉的制备工艺流程

原料选择→预处理→热烫→打浆→细粉碎→均质→脱气→杀菌→浓缩→木瓜全肉

② 木瓜软糖的制备工艺流程

配料→混合→熬煮→凝结成型→干燥→成品

（3）制作要点

① 木瓜全肉的制备

a. 原料选择及预处理。选取新鲜肉厚，无腐烂，无病虫害，八九成熟的木瓜。用流动水清洗干净，然后用刀削去皮，对半切分，挖去籽和瓤，再破碎成直径 2 厘米左右的丁。

b. 热烫。将破碎后的木瓜丁立即投入夹层锅的热水中，在

95℃条件下热烫 5 分钟，捞出可得良好的灭酶效果，这是为防止木瓜破碎后发生酶氧化影响产品风味。

c. 打浆及细粉碎。热烫后的木瓜丁用打浆机打成粗浆，然后通过胶体磨磨成细腻的浆液。

d. 均质、脱气。将上述处理的浆液在 40 兆帕压力下进行均质，使果肉纤维组织更加细腻，利于成品质量及风味的稳定。为防止因氧化作用引起色泽变化及维生素 C 成分损失，采用真空脱气机对均质后的浆料进行处理。脱气条件为：温度为 50℃，真空度 13～15 千帕。

e. 杀菌、浓缩。以温度为 125℃，时间 3 秒钟，出料温度不低于 65℃条件下进行超高温瞬时杀菌。为了保持产品营养成分及风味，采用低温真空浓缩，浓缩条件：温度 45～50℃，真空度 13～15 千帕。浓缩至浆液固形物达到 60% 为宜。

② 木瓜软糖的制备

a. 配料。依照配方，将甜味剂山梨糖醇、麦芽糖醇、异麦芽低聚糖混合，加入适量水使之充分溶解，将凝胶剂羧甲基纤维素钠、卡拉胶混合，加入适量热水并不断搅拌，使之均匀吸水溶胀。

b. 混合及熬煮。将上述物料投入夹层锅中，缓缓升温至 60～70℃，同时开动搅拌器，使凝胶剂与甜味剂充分混合后进行熬煮工序。采用常压熬煮，熬煮至物料中水分降至 20% 左右时，即为熬煮终点，停止加热。为保证产品质量，保持木瓜的有效成分，减少风味损失，木瓜全肉在熬煮临近终点时加入。

c. 凝结成型。待糖膏冷却至 85℃左右时，可出锅浇于模盘中，静置冷却，等凝结成型后即可脱模，进行干燥。

d. 干燥。脱模后的成型物采用鼓风干燥箱进行干燥。其干燥条件：温度 45～50℃，时间 24～30 小时。

注：在制作中可采用塑料立体模盘，这种模盘浇注的软糖形状

清晰，立体感强，脱模方便，易清洗。

特点：制品糖体呈橙黄色、半透明，富有光泽，糖体饱满，无硬度，组织柔韧，富有弹性，入口滋味清甜，甜味绵长细腻，软糯，不粘牙，具有木瓜特有的风味。

九、甜瓜

（一）概述

甜瓜别名有香瓜、果瓜、甘瓜、熟瓜等。甜瓜果实香甜，以鲜食为主。也可制作成果干、果脯、果汁饮料、罐头、糖果、果酱及腌渍产品。近年来在我国的北京、上海、广东等地区已掀起甜瓜消费热，特别是食品工业的快速发展，相应研制出很多甜瓜产品来满足广大消费者的需求，很大程度上也促进了我国甜瓜种植的发展。

根据有关单位对各种瓜类的分析测定结果显示，甜瓜中含有人类必需的各种营养成分。如水分、蛋白质、脂肪、碳水化合物、胡萝卜素、维生素 B_1、维生素 B_2、维生素 C、烟酸、甜瓜素、葫芦素 B、葫芦素 E，矿物质元素钙、磷、铁，还含有可以将不溶性蛋白质转变成可溶性蛋白质的转化酶。

甜瓜味甘、性寒，入胃、肺、大肠经。具有清暑热、解烦渴、利小便、补充营养、助胃护肝、杀虫、催吐的功效。

（二）制品加工技术

甜瓜以鲜食为主，但也可加工制成饮料、罐头、果汁、果脯等。

1. 甜瓜汁饮料

（1）配料

甜瓜原汁 40 千克，糖水 60 千克，柠檬酸适量，羧甲基纤维素钠少量。

（2）工艺流程

原料挑选、清洗及预处理→破碎→榨汁→加热→过滤→调配→脱气→均质→杀菌→灌装→密封→冷却→成品

（3）制作要点

① 原料挑选、清洗及预处理。挑选八成熟的新鲜甜瓜，剔除腐烂、病虫害、未成熟瓜，先用清水冲洗干净，然后用刀去皮切蒂，剖成两半，去除瓜瓤。

② 破碎、榨汁。将上述处理后的甜瓜用破碎机进行破碎，然后再用螺旋榨汁机进行榨汁。

③ 加热、过滤。榨出的汁液迅速加热至 85℃，以抑制酶的活性，防止汁液因酶的作用引起沉淀分层。加热后的汁液趁热经 100 目过滤器进行过滤，得到甜瓜原汁。

④ 调配。按配料比例进行调配，将混合液调配成糖度 10%～12%（以折射率计），含酸量为 0.15%～0.20%（以柠檬酸计）。

⑤ 脱气。调配后的汁液经真空脱气机脱气，其真空度为 0.08 兆帕，以去除汁液中的空气，其目的是阻止汁液中的香气成分、维生素 C 和色素物质发生氧化作用，造成品质降低。

⑥ 均质。真空脱气后的汁液再经压力为 13～19 兆帕均质机进行均质处理。其作用是使汁液中的细小颗粒进一步破碎，使粒大小均匀，促进果胶的渗出，以保持汁液均匀、稳定。

⑦ 杀菌、灌装、密封、冷却。汁液经脱气均质后，迅速泵入瞬间杀菌器，温度达 93℃，时间保持 30 秒钟，进行杀菌。杀菌后

及时进行灌装（无菌条件下），然后密封。密封后倒罐1～3分钟，然后快速冷却至37℃左右，经检验合格者即为成品。

特点：制品呈淡黄白色至淡黄色，无杂色，汁液均匀浑浊，长期静置后允许有轻微的沉淀，具有新鲜甜瓜汁的芳香气味，无异味，口感酸甜适口。

2. 甜瓜发酵饮料

（1）配料

甜瓜、柠檬酸、抗坏血酸、氯化钙、白砂糖、奶粉、羧甲基纤维素钠、黄原胶、嗜热链球菌、保加利亚乳杆菌等。

（2）工艺流程

原料选择与清洗处理 → 护色 → 清洗 → 热烫 → 打浆 → 调配 → 均质

发酵剂的制备 ———┐

→ 杀菌 → 冷却 → 接种发酵 → 均质 → 灌装 → 杀菌 → 冷却 → 检验 → 成品

（3）制作要点

① 原料选择与清洗处理。选择用新鲜、无腐烂、无损伤、无虫害的甜瓜，用流动水进行清洗，除去泥沙等杂质污物，切成块。

② 护色、清洗。清洗后的甜瓜采用柠檬酸0.05％、抗坏血酸为0.1％的混合液进行20分钟护色。在护色的同时加入0.5％的无水氯化钙，可使甜瓜硬化，且有利于榨汁工序的进行。将甜瓜从护色液中捞出后，用清水冲洗除去护色液。

③ 热烫、打浆。将洗净护色液的甜瓜块，放在95～100℃水中热烫2～3分钟，漂烫后立即用冷水冷却至室温。按甜瓜汁：水＝1∶1体积比的比例用打浆机打浆，并用200目不锈钢筛网过滤。

④ 发酵剂的制备。将嗜热链球菌和保加利亚乳杆菌按1∶1比例混合接种于不同比例的甜瓜汁与牛奶的培养基中逐步驯化，将所

得的不同比例的发酵剂进行扩大培养，即制得生产发酵剂。

⑤ 调配。用柠檬酸液调整瓜汁 pH 值到 5.5～6.5，在浆液中加入羧甲基纤维素钠和黄原胶按 1：1 比例组合的稳定剂 0.2%，再加糖量 4%、奶粉 5%。

⑥ 均质、杀菌。将调配好的浆汁在 80 千帕真空度下脱气，然后在 20 兆帕压力下均质。采用 121℃温度维持 15 秒钟进行杀菌。

⑦ 冷却、接种发酵。将灭菌后的料液冷却到 40～45℃，按 4% 的接种量进行发酵。利用嗜热链球菌：保加利亚乳杆菌＝1：1 混合菌种组成物在 41℃±1℃的恒温条件下发酵 48 小时。

⑧ 均质和灌装。在 20 兆帕压力下再一次进行均质，然后进行灌装，采用玻璃罐或金属罐包装。

⑨ 杀菌、冷却。灌装后采用加压或常压巴氏杀菌法（85℃、10 分钟）。软包装在灌装前经 121℃、时间为 5 秒钟，进行超高温瞬间灭菌，然后进行无菌包装。杀菌后尽快冷却至 38℃左右。

⑩ 检验、成品。杀菌冷却后，罐体进行擦水，抽样进行感官、理化及微生物检验，合格者即为成品送入库房。

特点：制品色泽浅黄，滋味纯正，无异味，具有浓郁的甜瓜清香，酸甜可口，风味独特。质地均匀一致，无沉淀，不分层，口感润滑可口。

3. 甜瓜果酒

（1）配料

甜瓜、果胶酶、白砂糖、酒石酸、干酵母。

（2）工艺流程

干酵母复水活化 ┌──────┐
↓
原料选择及预处理 → 汁液调整 → 主发酵 → 分离倒罐 → 后发酵 → 澄清 → 装瓶

（3）制作要点

① 原料选择及预处理。选择新鲜成熟的甜瓜，去皮去籽，送入榨汁机榨成果浆。果浆中加入 0.2％果胶酶，在 37℃下保温 30 分钟后加热到 95℃，灭酶 10 分钟。冷却后，向浆液中添加 80 毫克/升 SO_2，以备发酵。

② 汁液调整。测定甜瓜果汁的糖度和酸度。根据发酵工艺，采用白砂糖和酒石酸调整果汁的糖度为 220 克/升，酸度为 6 克/升。

③ 干酵母复水活化。取原料量 0.2％的干酵母，按 1：20 的比例投入 37℃温水中，在 35～38℃条件下活化 60 分钟。

④ 主发酵。将活化好的酵母加入发酵罐，开始发酵。酵母添加量为 200 毫克/升，调整果汁装罐量为 80％，发酵温度为 28℃。每天测定糖量及酒度，当含糖量降到 0.5％以下，酒度达到 12％时发酵结束，得到甜瓜原酒。

⑤ 分离倒罐。将发酵好的原酒过滤后转入另一个发酵罐内，进行后发酵。

⑥ 澄清、装瓶。经后发酵的汁液加入澄清剂进行澄清处理或自然澄清，虹吸上层清酒，装瓶贮存。

特点：制品呈现亮丽柔和的淡黄色光泽。具有甜瓜特有的果香味，酒香浓郁协调，入口柔和醇厚，无不良气味，酒体澄清透明，符合国家对果酒的标准。

4. 甜瓜罐头

（1）配料

甜瓜、高锰酸钾、氢氧化钠、柠檬酸、生石灰块、白砂糖。

（2）工艺流程

原料选择→表皮灭菌→去表皮→挖瓤整形→硬化→装罐（加糖液）→真空封罐→灭菌→冷却→检验→成品

（3）制作要点

① 原料选择。选择直径大于 120 厘米、八九成熟的甜瓜，完全成熟的瓜肉组织绵软，影响罐头品质，直径大于 120 厘米最适合整形。

② 表皮灭菌。先将选择好的甜瓜用清水喷淋冲洗净泥污，再转送至灭菌槽中浸泡在 0.1％高锰酸钾水溶液中 5 分钟，然后捞出，再用喷淋水冲洗干净。

③ 去表皮。去表皮有两种方法：一是采用削皮机去皮，二是化学去皮。下面重点介绍化学去皮法。

a. 化学去皮液的制备。称取氢氧化钠（水重量的 10％）和化学去皮添加剂（氢氧化钠用量的 1/20），再加入水中搅拌，使其充分溶解。

b. 将化学去皮液投入蒸汽夹层锅中，占总容积的 70％，加温控制在 70～80℃。

c. 将甜瓜放入去皮液中，并保持温度 70～80℃，浸泡 10 分钟左右，至瓜表皮腐烂即可捞出。

d. 将瓜捞放在活动筛中，用喷淋水冲洗去腐烂表皮，要求完全裸露瓜肉，然后用 0.05％柠檬酸液漂洗，并中和残留的余碱。

④ 挖瓤整形。按照罐头的罐形而定，如是 500 克装四旋玻璃瓶，在整形时，瓜条应与罐身高度相等。先将去皮的瓜纵切两半，挖出瓜瓤，然后将半切瓜平放，用刀垂直切除窝形两端，中间段长为 90 毫米，再按瓜形放射状纵切成底宽 20～30 毫米的条形，应均匀一致。

⑤ 硬化。甜瓜肉组织松软时，应采取硬化措施，以提高罐头品质。具体做法是：取纯净无其他杂质的生石灰块，放入容器加水溶解，澄清后用纱布过滤。石灰水溶液再注入真空罐内，将瓜条浸入溶液中真空抽气 20 分钟，使工作真空度在 0.08 兆帕以上，脱气充分的瓜条应为半透明状。

⑥ 装罐。经硬化的瓜条再用清水冲洗后人工装罐。瓜条顺长以宽面紧贴罐壁，紧密排列装满，然后加注糖液，糖液应按糖水罐头的统一标准配制，开罐糖度为 12%～16%（以折射率计）。如果原料的含糖量为 8% 时，糖液浓度应为 30% 左右。甜瓜滋味较甜时，适应添加酸味剂，可以改善罐头的口感，一般添加 0.4% 的柠檬酸。

⑦ 真空封罐和灭菌。封罐真空度在 0.01 兆帕以上。封罐后应抽检，如有不符合封罐要求的应重新封罐处理。封罐后应迅速进行灭菌，其灭菌公式为：15′—20′—15′/100℃。

⑧ 冷却、检验、成品。灭菌后经冷却、保温检验，合格者即为成品。

特点：制品橙色，糖水透明。具有清甜微酸滋味和香气味。瓜条脆嫩适度，不绵软，块形整齐，均匀一致。

5. 酱甜瓜

（1）配料

甜瓜、食盐、黄豆酱、甜面酱。

（2）工艺流程

选料→清洗→盐腌→晾晒→酱制→贮存→成品

（3）制作要点

① 选料、清洗。选取新鲜、肉质脆嫩，皮青绿色、淡绿色或绿白色，无病虫害及机械损伤，空心不超过 4 毫米的甜瓜。用清水洗涤干净，再切除蒂柄。

② 盐腌、晾晒。在夏季鲜瓜易腐烂，所以应立即进行加工。首先按鲜瓜 100 千克，加食盐 10 千克的比例，一层瓜一层盐装入缸内，同时洒一点水促进食盐的溶解。每天翻缸两次，腌制 2 天后捞出晾晒。

捞出的甜瓜均匀铺在晒场上晾晒，待瓜皮晒成发白时，即用竹签扎眼放气，每根瓜扎 3～4 个眼孔，翻过来再晒。晒后的白甜瓜半成品率为 35%，花瓜为 40%。

③ 酱制、贮存。将晒后的瓜坯入缸酱制。按瓜坯 100 千克加黄豆酱 37.5 千克、甜面酱 37.5 千克的比例，在缸内放一层瓜坯一层酱，每天打耙两次，经过 40 余天的酱制，即为成品。

酱制时封好缸口，即可贮存。

特点：制品质地柔软，酱味浓厚，深红黄色。

十、哈密瓜

（一）概述

哈密瓜是甜瓜类的一种。古时称甜瓜、干瓜，维吾尔族语称"库洪"，有肉白型和肉红两种。主产于我国新疆鄯善、吐鲁番等地。

哈密瓜多为椭圆形或橄榄形，瓜瓤浅绿色的吃时发脆，金黄色的发绵，白色的柔软多汁，香味浓郁，瓜身坚实微软者为佳品。

哈密瓜中含有人体营养所需的各种成分，每百克鲜瓜可食部分为 63％，含水分 90％，热量为 728 千焦，蛋白质 0.4 克，脂肪 0.3 克，碳水化合物 9.15 克，膳食纤维 0.15 克，灰分 0.45 克，还含有胡萝卜素、维生素 B_1、维生素 B_2、维生素 C、烟酸，矿物质钙、磷、铁，还含苹果酸、果胶等。

哈密瓜制成的瓜干营养丰富。每百克含水量为 15％，蛋白质 1.8％，碳水化合物（主要是糖）为 76％，热量达到 5498 千焦，含钙 190 毫克、磷 55 毫克、铁 6.4 毫克。由于含糖量很高，无需另外加糖就可直接作为甜点心食用。

哈密瓜味甘、性寒，入肺、胃、膀胱经。中医学认为有清热解毒、消暑祛热的作用，有清胃肠之热、利尿的功效。可以治热渴、烦热、小便不畅、口鼻疮疖等症。适宜胃肠积热、口舌生疮、尿道感染的患者食用。

（二）制品加工技术

哈密瓜可鲜食或加工成饮料、果脯、罐头、蜜饯、果糖、糕点等。

1. 哈密瓜干

由于哈密瓜含水量较高，易受微生物侵染而腐烂变质，不耐贮运，特别是鲜瓜生产供应季节性很强，瓜农们来不及销售、贮藏，于是将鲜瓜去皮去瓤切条粗加工晾晒成瓜干或加工成果脯及其他产品，解决了哈密瓜制品市场周年供应问题。现将哈密瓜干加工方法介绍如下。

哈密瓜干加工有自然干燥和人工干燥两种。

（1）自然干燥法

我国新疆吐鲁番盆地等，夏季炎热干燥，降雨量较少，昼夜温差大，日照时间长，适宜哈密瓜自然干燥处理。所以，哈密瓜成熟时，这地区均采用此法生产哈密瓜干，其加工方法如下。

① 原料选择。选用成熟度高，肉质较厚，皮薄，金黄色或浅黄色无损伤、无病虫害的哈密瓜。

② 冲洗灭菌。将选择的哈密瓜置于流动水槽冲洗干净后，再置入 0.1％高锰酸钾溶液中浸泡 20 分钟，进行表皮灭菌。然后用流动水清洗干净。

③ 去皮、挖瓤。将洗净的哈密瓜用不锈钢刀削去坚硬的皮，然后纵切两半，挖去瓜瓤。

④ 切条、硬化护色。将去皮去瓤的哈密瓜切成长 6～8 厘米、厚度 5～8 毫米、宽 3～4 厘米的条。放入石灰水溶液中浸泡 2～3

小时，捞出冲洗干净。

⑤ 漂烫、干燥。硬化护色后的瓜条投入1%氯化钠溶液中，在90℃下漂烫5～6分钟，以钝化酶的活性，防止酶促褐变。漂烫后的瓜条及时捞出，冲洗，沥干，摆放于竹盘上，放置在通风良好日光暴晒处进行干燥，待瓜条含水量在15%～17%时，即可包装贮藏。

（2）人工干燥法

① 原料选择、冲洗灭菌、去皮去瓤与自然干燥法相同。

② 硬化，护色，漂烫。切成的瓜条投入钙离子的盐水中进行硬化护色2～3小时，捞出投入1%氯化钠溶液中，在90℃的温度下漂烫5～6分钟，以钝化酶的活性，防止酶促褐变腐败。

③ 干燥。采用烘房或干燥箱干燥。漂烫后的瓜条摆放在竹盘中在60℃温度下烘2～3小时，以利于瓜条中水分蒸发，然后升温至70℃需再烘4～5小时，最后降温至65℃烘1～2小时，烘至瓜条含水量15%～17%为宜，即成哈密瓜干。

2. 哈密瓜饮料

（1）配料

原果肉，维生素C，柠檬酸，白糖，明胶，羧甲基纤维素钠，海藻酸钠。

（2）工艺流程

原料选择、清洗→去皮瓤→切片→护色→闪蒸→打浆→细磨→调配→均质→脱气→灌装→杀菌→冷却→成品→哈密瓜汁

（3）制作要点

① 原料选择、清洗和去皮瓤。挑选八成熟、无碰伤、无腐烂的哈密瓜，瓜肉色泽为橘色或黄金色为最好。用流动水冲洗表皮面污物，用不锈钢刀削去瓜皮，将瓜对切两半，挖净瓜瓤及籽。

② 切片、护色。去瓤和籽的瓜块用不锈钢刀切成长约 1 厘米、宽 0.5 厘米、厚 0.3 厘米的瓜片。将瓜片投入含有 0.1％维生素 C、0.15％柠檬酸和 5％白糖水液中，浸泡 4 分钟。

③ 闪蒸、打浆、细磨。将护色后的瓜片投入高压锅中，以 121℃、0.5～1 分钟处理，迅速排气，然后用打浆机破碎，利用胶体磨微粒化处理，使瓜肉颗粒的粒径减小为 5～6 微米。

④ 调配。细磨后的浆液，按照配方，同时加入明胶 0.20％，羧甲基纤维素钠 0.15％，海藻酸钠 0.12％，原果肉含量 20％，混合均匀。

⑤ 均质。采用两段均质法，先低压后高压，第一次 15 兆帕/分钟，第二次 25 兆帕/分钟，使均质后瓜肉颗粒的粒径为 2～3 微米，汁液较为稳定。

⑥ 脱气。在 0.06～0.08 兆帕真空度，温度为 70～72℃条件下脱气。

⑦ 灌装、杀菌、冷却。将脱气后的瓜汁灌装于瓶中，在 95～100℃水浴中保温 15～20 分钟杀菌，然后冷却至瓶中心温度为 45℃，即为成品。

特点：制品有鲜哈密瓜外观色泽或呈浅黄色，具有哈密瓜特殊香气，香气协调柔和，口感酸甜，入口爽滑，瓜汁浑浊均匀一致，无沉淀、悬浮及其他杂质。

3. 哈密瓜乳饮料

（1）配料

哈密瓜浆 15％，鲜奶 45％，白砂糖 8％，0.15％柠檬酸适量，复配稳定剂：羧甲基纤维素钠 0.12％、果胶 0.14％、PGA0.05％、单甘酯 0.1％（均为质量分数），0.1％抗坏血酸适量，乳化剂适量，其余为纯净水。

（2）工艺流程

原料挑选、清洗及预处理→护色→打浆→细磨→过滤→调配（加鲜牛奶）→调酸→均质→脱气→杀菌→冷却→成品

（3）制作要点

① 原料挑选、清洗及预处理。挑选八九成熟，无损伤、无霉变、无腐烂，纹路清晰，瓜肉色泽橘红色或黄色的哈密瓜。用流水清洗去除表皮污物，用不锈钢刀削去皮，剖开挖去瓤籽，再切成长约 1 厘米、宽约 0.5 厘米、厚 0.3 厘米的瓜片。

② 护色。将哈密瓜片投入含有 0.1% 的抗坏血酸和 0.15% 的柠檬酸的溶液中，浸泡 5 分钟进行护色。

③ 打浆、细磨、过滤。护色后的瓜片送入打浆机打浆，然后用胶体磨微粒化处理，过滤备用。

④ 调配、调酸。将鲜牛奶过滤，稳定剂、白糖、乳化剂充分溶解，与纯净水、哈密瓜浆液混合调配，将调配液温度降至 20℃以下，然后用柠檬酸将 pH 值调到 4.0 左右。

⑤ 均质、脱气。经高压均质机二次均质，第一次均质压力 16 兆帕，第二次均质压力 20 兆帕。均质后采用真空脱气机脱气，压力为 0.06～0.08 兆帕，温度为 70～72℃。

⑥ 杀菌、冷却。脱气后的乳汁采用巴氏杀菌法进行杀菌，温度为 85℃，时间为 10 分钟。杀菌后产品冷却至 20℃ 左右，然后分装冷藏。

特点：制品呈乳白色泽，浑浊均匀一致，无沉淀，具有哈密瓜香气和乳汁滋味，酸甜可口。

4. 哈密瓜酸奶

（1）配料

哈密瓜、维生素 C，果胶酶、脱脂乳粉、白砂糖、嗜热链球

菌、保加利亚乳杆菌。

（2）工艺流程

原料选择及处理 → 防褐变 → 打浆 → 酶解 → 过滤 → 哈密瓜汁 ┐

脱脂乳处理 ┘

混合调配 → 均质 → 杀菌 → 冷却 → 接种 → 灌装 → 发酵 → 冷却 → 成品

发酵剂制备 ┘

（3）制作要点

① 原料选择及处理。挑选无霉变、无腐烂、无损伤的哈密瓜，用水清洗，去蒂，切成 1 厘米见方的块状。

② 防褐变、打浆。将瓜块置于浓度为 0.4％维生素 C 溶液中浸泡，然后用组织捣碎机打成浆。

③ 酶解、过滤。取哈密瓜浆液质量 0.015％的果胶酶，溶于温水中，配成 1％的果胶酶溶液，加入哈密瓜浆液中，搅拌均匀，静置 6 小时后，用两层纱布过滤，得哈密瓜液。

④ 脱脂乳处理。将脱脂乳过滤，并用脱脂乳调整固形物含量。将白砂糖在部分乳中溶解后过滤，加入到原乳中。

⑤ 混合调配。将乳液与哈密瓜汁（15％）按比例混合，用糖（8％）、稳定剂进行调配后均质，杀菌后冷却。

⑥ 发酵剂制备。取脱脂乳分装于试管中，在 120℃杀菌 15 分钟，制得脱脂乳培养基，在无菌条件下接入 3％～4％的菌种，于 42℃下发酵，经 3～4 次传代培养使菌种活力恢复，然后按嗜热链球菌：保加利亚乳杆菌＝1：1 的比例进行扩大培养，制成母发酵剂。

⑦ 接种、发酵。将制备好的发酵剂按 5％的比例接入混合液中，搅拌均匀后封装，然后在 42℃控温发酵，4 小时后移至 5℃条件下冷藏 12 小时，得到哈密瓜酸奶成品。

特点：制品呈乳白色或稍带黄色，均匀一致，凝块均匀细腻，无气泡，允许有少量乳清析出，具有酸奶特有的滋味和气味。

5. 哈密瓜酒

（1）配料

哈密瓜、食盐、鸡蛋清、酵母菌。

（2）工艺流程

原料选择→清洗及预处理→破碎→榨汁→粗滤→杀菌→接种→主发酵→后发酵→下胶→澄清→勾兑→成品

（3）制作要点

① 原料选择、清洗及预处理。选择成熟度适宜且具有浓郁香气、汁多、含糖量高的哈密瓜，利用清水洗净，剔除成熟度差、霉烂变质的瓜，削去果皮，再切为两半，去净籽，利用清水冲洗干净备用。

② 破碎、榨汁、粗滤。利用不锈钢刀将瓜切成 0.5 厘米的方块，勿切得太碎，以免影响出汁。随即进行榨汁，并用纱布粗滤，滤去果肉块获得瓜汁。

③ 杀菌、接种。将瓜汁在 70℃左右下经 15～20 分钟杀菌后，再进行人工接种，加酵母菌 8%～10%准备发酵。接种时瓜汁的温度低于 30℃为宜。

④ 主发酵。将接种后的汁液体于 22～25℃的温度条件下发酵 7～8 日，发酵期间注意用冷水进行调温，切忌高温感染杂菌。

⑤ 后发酵。利用残糖，把主发酵完成的酒汁密封进行后发酵。最好在发酵器具顶部安装发酵栓，以利用二氧化碳气的排出，并抑制氧气的进入，也可以防止杂菌侵入。如无发酵栓时，可在顶部通出一玻璃管，将二氧化碳导入水中，隔绝氧气和杂菌。

⑥ 下胶、澄清。每 100 升酒中加蛋清 3 个、精盐 20～39 克。将蛋清打成泡沫后加入酒中，然后进行静置澄清。

⑦ 勾兑。用虹吸法将澄清酒吸出后，主要是调糖、调酸、调香及调色，可用常规酒生产中常用公式计算，然后进行调整。勾兑后即为成品酒。

特点：制品色泽浅黄，酒质清亮，具有浓郁哈密瓜香和酒香，甘甜醇厚，酸甜可口。

6. 哈密瓜罐头

（1）配料

哈密瓜、生石灰块、白砂糖、柠檬酸、高锰酸钾。

（2）工艺流程

原料选择→冲洗灭菌→去皮挖瓤→整形→硬化→装罐（注入糖液）→真空封罐→灭菌→冷却→成品

（3）制作要点

① 原料选择、冲洗灭菌。制作罐头的哈密瓜原料应选择品质优良、风味特殊、成熟度一致的。一般有"红必脆""红金龙"和"炮台红"等品种。选好的哈密瓜置于清水槽中冲洗干净。因哈密瓜表皮有裂纹所以必须进行表皮灭菌，即将清洗后的瓜再置于0.1%高锰酸钾溶液中浸泡20分钟，然后捞出用流动水将表面冲洗干净。

② 去皮挖瓤。哈密瓜的表皮较厚而且坚硬，削皮时应削至脆嫩的瓜肉组织，然后纵切成两半，挖去瓜瓤。

③ 整形。哈密瓜原料应依罐瓶整形，罐藏原料应呈条形与罐齐平，瓜条规格均匀。因此，整形时先将瓜肉横切成90毫米长的段，因哈密瓜瓜肉部分厚，还要将瓜条段用特制的圆弯刀切成40毫米的瓜片，然后每段再切成底宽20～30毫米楔形条。罐头瓶一般选用500克装四旋瓶。

④ 硬化。哈密瓜属于甜瓜种类，瓜肉组织脆嫩、水分多，不

耐蒸煮。因此，采用生石灰块硬化处理的方法：将洁净生石灰块置于罐中以饮用水充分溶解，溶解后用白棉布过滤，将滤液置入真空排气罐内，再投入瓜条并浸没在溶液中，进行真空排气 20 分钟，其真空度为 0.08 兆帕以上。

⑤ 装罐。经硬化的瓜条再用水冲洗后用人工装罐，瓜条顺长以宽面紧贴瓶壁紧密排列，看似整体的瓜。然后注入糖液。糖液应按糖水罐头统一标准配制，开罐糖液浓度为 12％～16％，如果原料含糖量为 8％时，糖浓度应为 22％。

哈密瓜滋味甘甜，适当添加酸味剂可改善哈密瓜罐头的口感，又不失哈密瓜的风味，一般添加 0.4％的柠檬酸即可。

⑥ 真空封罐。封罐的真空度为 0.08 兆帕以上，实罐的真空度为 0.04 兆帕以上。封罐后应检验，如不符合封罐要求的应重新封罐处理。

⑦ 灭菌、冷却、检验。封罐后应迅速进行灭菌，其公式为 $5'-15'-5'/100℃$。灭菌后将罐头进行冷却，经过检验合格者即为成品入库。

特点：制品具有哈密瓜应有的橙红色或淡青色，糖水透明，有哈密瓜良好的滋味和气味，无异味，瓜肉组织嫩而不软、脆而不粗，块形整齐，均匀一致。

7. 低糖哈密瓜脯

（1）配料

哈密瓜，氯化钙，亚硫酸氢钠，磷酸氢钾，白砂糖，淀粉糖浆，果胶，增香剂，稀盐酸。

（2）工艺流程

选料→清洗→去皮、去瓤→切片→护色、硬化→真空浸糖→沥糖→烘干→整形→包装→杀菌→冷却→成品

（3）制作要点

① 选料、清洗、去皮、去瓤。挑选八成熟、无腐烂、无创伤的哈密瓜为原料，以瓜肉色泽为橘红色或黄色为最好。将选好的瓜放入水槽中，采用流动水冲洗，洗去皮面污物。然后放入1％稀盐酸溶液中浸泡10分钟进行消毒，再用流动水冲洗干净，以防污染。把冲洗消毒后的瓜用不锈钢刀削去硬皮及粗纤维，将瓜一切为二，挖净瓜瓤及籽。

② 切片、护色、硬化。将哈密瓜切成长4～5厘米、厚0.5～1.0厘米的瓜片，浸入0.5％氯化钙+0.1％亚硫酸氢钠+3.0％磷酸氢钾混合液中进行护色硬化处理，常温常压下处理1～2小时，或在80千帕真空度下处理15分钟，然后适度漂洗沥干。

③ 真空浸糖。将漂洗沥干的哈密瓜片投入煮沸的糖液中漂烫1～2分钟，然后马上冷却至30℃，即可真空浸糖。糖液采用20％白砂糖、30％淀粉糖浆、0.1％～0.15％果胶及0.01％增香剂制成的糖胶混合液。真空度为86.7～93.3千帕，糖液温度为60℃，时间30分钟。在常温压力下浸8～10小时。

④ 沥糖、烘干。经过真空浸糖的瓜片，用无菌水把附在果片表面的糖浸液洗去沥干。沥干后的哈密瓜脯（片）摆盘放入烘房内进行烘制。烘制分两个阶段进行：第一阶段温度控制在55～60℃，时间为1～2小时，使含水量降到30％～35％，第二阶段温度控制在50℃，烘至含水量25％左右（中间翻搅几次）取出。

⑤ 整形、包装。按脯大小、饱满程度、色泽进行分选和修整。修整后经检验合格，在无菌室内按一定重量采用真空包装，包装真空度为80千帕。

特点：制品呈红色或棕红色或黄色，色泽鲜艳，半透明状，脯形扁平，外形完整，大小均匀，组织饱满，肉质柔软有弹性，在保质期内不结晶、不返砂、不流糖。具有浓郁的原瓜风味，酸甜适口，无异味。

8. 哈密瓜脆片

（1）配料

哈密瓜、食用油、氯化钙、氯化钠、糊精、羧甲基纤维素钠。

（2）工艺流程

原料选择→前处理→硬化护色→漂烫→真空渗食用填充剂→真空低温油炸→真空脱油→冷却→整形→包装→成品

（3）制作要点

① 原料选择。选用七成熟绿皮红肉的哈密瓜。

② 前处理与硬化护色。将新鲜的哈密瓜削去皮，去籽去瓤，切成长4～5厘米、厚3～4厘米的瓜片，随即放入含氯化钙的盐水中进行硬化护色处理2～3小时。

③ 漂烫。将经硬化护色的瓜片放入1%的氯化钠溶液中，用90℃左右的温度漂烫5～6分钟，以钝化酶的活性，防止酶促褐度，排除原料中的空气，避免氧化。漂烫后的瓜片及时捞出进行冷却。

④ 真空渗食用填充剂。由于新鲜哈密瓜水分含量一般在85%以上，干物质仅占15%以下，大部分以葡萄糖、果糖等糖分形式存在，当瓜片真空油炸脱水时，大量水分蒸发，原料收缩变形，所以为了增加原料的固形物含量，减少收缩变形，将原料瓜片浸泡于装有经胶体磨乳化处理、具有高渗透压、浓度适当的食用糊精和羧甲基纤维素钠混合填充剂的真空罐中，抽真空处理。一般真空度为0.08兆帕左右，时间为15～20分钟。

⑤ 真空低温油炸。将上述处理的瓜片放入油炸提篮中，进行真空低温油炸，用两个不锈钢真空罐为夹层蒸汽加热，中间以不锈钢管及阀门连接，一个为预加热备用中转罐，另一个为油炸脱油罐。真空备用罐预加热油温到110℃，真空度为0.095兆帕；开启中间连接阀门，抽真空油炸罐。开始油炸时油温下降至90℃左右，

真空度可达 0.085 兆帕，随着油炸时间的延长，真空度和油温都逐渐升高；当温度上升至 98～100℃，真空度为 0.09 兆帕左右，瓜片内水分基本上被蒸发掉。油炸工序需 40 分钟左右即可结束。

⑥ 真空脱油。油脂含量的高低是判断脆片质量的重要指标之一，真空低温油炸的瓜片，如果恢复常压，而压力差将使油被吸入瓜肉空隙中，大大增加产品的含油量，因此，在真空状态下，必须在油炸结束后使瓜片脱离油层。根据真空罐中真空度低的一方的液体将流向真空度高的一方的原理，通过控制真空度的大小，开启中间阀门，使油料从油炸罐流向备用预热罐，使瓜片在真空油炸罐中通过旋转离心脱油，将瓜片中的油甩出，达到真空脱油的目的。

⑦ 冷却、整形、包装。将真空低温油炸并真空脱油的瓜片从油炸罐中取出，边冷却边把部分卷曲的瓜片展开整形。待冷却的产品酥脆后，随即进行真空充氮包装。

特点：制品脆片内外红（黄）绿相间或金黄色，色泽基本一致，片形基本完整，厚度大致均匀，无明显收缩变形，无肉眼可见外来杂质。肉质蓬松，酥脆，香甜可口，无油腻感，哈密瓜味浓郁。

十一、佛手瓜

（一）概述

佛手瓜别名梨瓜、安南瓜、合掌瓜、菜梨，又称洋丝瓜等，因果实形似佛手而得名。原产于墨西哥及西印度群岛，19世纪传入我国，主要产于华南的广东和西南的四川等省。近年来全国各地都在引种试栽，已在浙江、江苏、福建、安徽及长江中下游地区推广栽培。

佛手瓜按果实的颜色可分为绿皮种和白皮种两大类型。绿皮种果皮深绿色，果形长而大，结果多，产量高，植株生长健壮，蔓粗壮而长，并能产生块根，分果面有刺和无刺两种，其中以无刺栽培最多。白皮种果皮颜色淡白，毛淡白绿色，生长较弱，蔓较细而短，结瓜少，瓜形较圆而小，味较佳，组织致密，但产量较低。也分果面无刺和有刺两种。

佛手瓜味酸苦，气芳香。佛手片以片大、绿皮白肉、香气浓厚者为佳品，可供为蔬菜。主要品种有浙江临海佛手瓜、福建福州的白皮佛手瓜及云南白皮佛手瓜。

佛手瓜在瓜类蔬菜中营养丰富全面，每百克嫩瓜果含蛋白质0.9克，脂肪0.3克，碳水化合物4.9克，粗纤维0.3克，还含有胡萝卜素、维生素 B_1、维生素 B_2、维生素 C，以及钙、磷、铁、钾、镁、硒多种矿物质，挥发油、梨毒素、香叶木苷，橙皮苷等。

佛手瓜性味甘辛，具有理气止痛、化痰止呕的功效。适应于胃痛肋胀、嗳气呕吐、痰饮咳喘、传染性肝炎。《本草纲目》载："煮酒饮，治痰气咳嗽。煎汤，治心下气痛。"

（二）制品加工技术

佛手瓜可生食或熟食，可爆炒或凉拌，可配鸡、配肉烧制，还可以做汤菜、饮料、果脯用，也可腌渍。

1. 佛手瓜原汁饮料

（1）配料（按 1000 千克计）

佛手瓜原汁 32 千克，白砂糖 10 千克，异抗坏血酸钠 45 毫克/千克，柠檬酸钠 0.15 千克，羧甲基纤维素钠 0.15 千克，黄原胶 0.1 千克，亮蓝、柠檬黄、稳定剂各适量，其余为饮用水。

（2）工艺流程

原料选择及预处理→破碎→打浆→细磨→过滤→一次均质→调配→脱气→预热→二次均质→灌装→封口→杀菌→冷却→成品

（3）操作要点

① 原料选择及预处理。选择八成熟的新鲜佛手瓜为原料，采用清水冲洗瓜表面的绒毛，然后用特殊的弧形刀切半挖去软核。

② 破碎、打浆、细磨。利用斩拌机快速将佛手瓜斩碎，立即送入打浆机打浆，并通过胶体磨进行处理。

③ 过滤、调配。研磨后的浆液采用 80 目绢筛进行过滤，以免过多的纤维影响产品的质量。

将白砂糖、柠檬酸、稳定剂、异抗坏血酸钠等加水溶解后过滤，加入盛有佛手瓜原汁的不锈钢桶内，边搅拌边加入适量亮蓝和柠檬黄，最后加入饮用水至所需量。

选用复合稳定剂黄原胶970♯和耐酸性羧甲基纤维素钠，一方面使产品为均匀多相系胶体，无分层，无絮状沉淀漂浮现象；另一方面使该产品稠度适中，口感滑腻。

④ 脱气、均质。脱气真空度为0.06兆帕。其作用是去除果汁中的氧气防止褐变，保持维生素C的含量，均质压力为13～20兆帕。进行均质是使植物细胞壁有效破坏，为产品形成多相系胶体打下基础，使组织稳定。

⑤ 灌装、封口。料液均质后进行加热到85℃以上，采用自动连续灌装进行灌装，然后进行密封。密封真空度控制在53.3千帕。

⑥ 杀菌、冷却。灌装后的料液立即进行杀菌。其杀菌公式为$15'—20'/108℃$。杀菌结束后进行冷却到35℃以下，及时擦罐，保温检验，合格者为成品。

特点：制品呈浅绿色或黄绿色，具有新鲜佛手瓜的清香气和自然滋味，口感滑腻，味道柔和。

2. 佛手瓜乳汁发酵饮料

（1）配料

佛手瓜原汁30％，脱脂乳60％，白砂糖7.0％，羧甲基纤维素0.5％，低甲氧基果胶0.2％，磷酸氢二钾0.05％，水适量。

（2）工艺流程

佛手瓜原汁→混合均质→灭菌→接种、发酵→冷却→成品

（3）制作要点

① 佛手瓜原汁的加工制备。同佛手瓜原汁饮料的制备。

② 混合、均质。将佛手瓜原汁、脱脂乳、白糖、适量水和稳定剂（羧甲基纤维素＋低甲氧基果胶＋磷酸氢二钾）混合均匀，送入均质机中，均质压力为15兆帕左右，进行均质处理。

③ 灭菌、接种、发酵。均质后的混合料液加热到 90～95℃，保持 15 分钟进行灭菌处理。灭菌的料液冷却至 42℃，然后接入已培养好的发酵剂（嗜热链球菌和保加利亚乳杆菌按 1∶1 比例混合），接种量为 3%，在 42℃的温度条件下发酵 4 小时，最后冷却到常温，即为成品。

特点：制品呈浅绿或黄绿色，具有佛手瓜的清香及乳香味，口感滑腻、柔和。形态均匀、细腻，呈固态，无乳清析出。

3. 佛手瓜果脯

（1）配料
佛手瓜、氯化钙、白砂糖、柠檬酸。
（2）工艺流程
原料选择及预处理→硬化→漂烫→糖渍→干燥→成品
（3）制作要点
① 原料选择及预处理。选用鲜黄，无硬褐斑、无损伤的新鲜佛手瓜为原料，用清水洗干净，再用不锈钢刀切成 0.5 厘米厚的片。
② 硬化、漂烫。将 300 克新鲜佛手瓜片置于 800 毫升 0.5%的氯化钙溶液中浸泡 6 小时捞出，用清水冲洗干净。把硬化后的瓜片置于 85℃水中漂烫 5 分钟，然后迅速用冷水进行冷却，捞出沥干水分。
③ 糖渍。将漂烫冷却后的瓜片置于 35%的白糖溶液中煮 10 分钟，浸渍 18 小时，捞出沥去糖液，此时糖液浓度降为 24%，再将瓜片置于 50%的糖液中煮开，浸渍 6 小时，捞出沥去糖液。在 500 毫升水中加入 340 克白糖及 4 克柠檬酸，煮沸 20 分钟后，将上述瓜片放入，煮沸 10 分钟，浸渍 16 小时捞出，沥去糖液。最后将瓜片置于 70%的糖液中，浸渍 20 小时，此时糖液浓度降为 62%，捞

出瓜片，沥去糖液。

④ 干燥。将上述佛手瓜片铺于竹筛中，置于 60℃ 干燥箱中烘 20 小时后冷却装袋，即为成品。

特点：制品呈金黄色、半透明状，厚薄均匀，组织细腻，伸展不卷缩，饱满有韧性。具有佛手瓜的香味和微苦味，酸甜适中，有咬劲，置于冰箱中两年以上不霉变、不返砂、不流糖。

4 **佛手瓜凉果**

（1）配料

佛手瓜、硼砂、白砂糖、柠檬酸、甘草粉、桂皮。

（2）工艺流程

原料保鲜→漂洗→热烫→脱水→切片→腌制→烘干→杀菌→包装→成品

（3）制作要点

① 原料保鲜、漂洗。将新鲜佛手瓜原料，用 18～20 波美度硼砂溶液腌制保存，一般储存 3～4 个月。将腌渍的原料用清水漂洗 2～3 小时，漂洗去多余的硼砂和杂质。

② 热烫、脱水。将漂洗的佛手瓜放入 100℃ 热水中热烫 10～15 分钟，以钝化酶的活性，杀灭微生物，并使果肉细胞膜透性增加，便于腌制处理。然后利用振动筛或压榨机将原料中多余的水分除去。

③ 切片、腌制。将佛手瓜切成 3 毫米×8 毫米×50 毫米的小块，用 30％白糖、0.8％柠檬酸、0.2％甘草粉、0.1％桂皮加水调制成腌渍液，将佛手瓜块与腌渍液拌匀，腌渍 3～4 小时。如果溶液未吸附完时，应把佛手瓜块晾至半干，再将余液吸附完。

④ 烘干、杀菌、包装。将腌制瓜片采用 55～60℃ 热风烘干。烘干的瓜块包装前，应进行紫外线杀菌，使产品达到卫生标准。采

用复合塑料袋热封包装。

特点：制品佛手瓜片凉果外观为黄褐色。

5. 炸熘佛手瓜肉卷

（1）配料

佛手瓜 1 个，猪瘦肉 200 克，油菜心、淀粉各 50 克，水发木耳 20 克，鸡蛋清 1 个，面粉 25 克，植物油 500 克（实耗 75 克），葱末、姜末、料酒、食盐各 5 克，味精 2 克，高汤适量。

（2）制作要点

① 将猪瘦肉洗净，切成 4 厘米长、3 厘米宽的薄片，放入碗内，加入葱姜末、食盐、味精、料酒拌匀腌渍 10 分钟。佛手瓜洗净，切成 5 厘米长的细丝，用面粉粘匀后分装在每片肉上，逐个卷成卷。

② 将鸡蛋清放入碗中，加入淀粉搅成蛋糊，把卷成的肉卷逐个挂上蛋糊，投入七成热的植物油锅内炸成金黄色捞出。

③ 将原锅留少许油烧热，下入葱姜末炸出香味，加入高汤、食盐、味精、木耳、油菜心、佛手肉卷，翻炒均匀，即为成品。

特点：制品形态美观，味道醇香。

6. 佛手瓜鸡茸汤羹

（1）配料

佛手瓜 1 个，鸡脯肉 75 克，蛋清 1 个，水淀粉 25 克，植物油 300 克（实耗 50 克），食盐、葱、姜末各 5 克，味精 2 克。

（2）制作要点

① 将佛手瓜去蒂、去瓤洗净，切成 0.5 厘米见方的丁。把鸡脯肉洗净剁成泥。

② 将鸡肉泥放在碗内，加入适量水解开，再加入鸡蛋清，搅至上劲，然后多次加水搅成稀糊状，并加入食盐、水淀粉搅匀。

③ 将炒锅置于火上，倒入植物油，烧至三成热时，用漏勺把鸡茸糊滤入油内成小圆片状浸炸至熟，捞出沥去油。

④ 原锅留少许油，复火上加热，下入葱、姜末炝锅，加入佛手瓜丁，清水烧开，倒入鸡茸片，再加入食盐、味精调好口味，用水淀粉勾芡，即为成品。

特点：制品色泽美观，汤羹鲜美，诱人食欲。

7. 酱制佛手瓜

（1）配料

佛手瓜 100 千克，甘草 14 千克，蔗糖 20 千克，酱油 100 千克，食盐 12～16 千克，味精，氯化钙，防腐剂。

（2）工艺流程

选料→腌制→洗净→切分→去盐→脱水→浸渍→沥干→拌料→加汁装袋→密封→杀菌→冷却→检验→成品

（3）制作要点

① 选料、腌制。挑选幼嫩的佛手瓜，用清水清洗干净，剖成两半，按每 100 千克原料用盐 12～16 千克腌渍在大缸或水泥池中。采用一层盐一层原料，下层用盐量较小，逐层增加盐量的方法进行，最上层用竹箅盖住，压上重石腌制。

② 切分、去盐。将腌制物料捞出洗净，切成一定大小的方块，放入流水中冲洗去盐，直至瓜料稍有点盐味为止，用甩干机将佛手瓜块甩干。

③ 浸渍。按 100 千克瓜料取甘草 14 千克、蔗糖 20 千克、酱油 100 千克，配成浸泡液。其中甘草加 2 倍水量加热煮至糖度为 5% 时为止，先后煮制两次，然后将两次甘草汁液混合，加入蔗糖

溶解，倒入酱油中混合均匀。

按瓜料 3 份、浸泡液 2 份的比例，将甩干的瓜片浸泡一昼夜，取出沥干。将沥出的汁液煮沸冷却。

④ 拌料、加汁装袋、密封。装袋时，将 7.5 千克的瓜片加入味精 75 克、氯化钙 15～25 克、防腐剂 8 克，沥出汁液适量，搅拌均匀，每袋装 100 克，然后真空密封。

⑤ 杀菌、冷却。将密封的物料袋在 108～110℃条件下杀菌 30 分钟，杀菌结束后用冷水进行冷却。成品应保存在 15～20℃范围。

十二、节瓜

（一）概述

节瓜为小冬瓜、毛瓜，是冬瓜的一个变种，原产于我国南部，在广东、广西、台湾种植比较普遍，福建、上海、南京、北京、成都等地也有栽培。

节瓜按果实形状可分为短圆柱形和长圆柱形。长圆柱形节瓜，较冬瓜小，其表面布满短粗的毛，皮薄并呈深绿色，底部略带黄，是中医所列三大"正气"瓜菜之一。按栽培适应性分为春节瓜、夏节瓜、秋节瓜。春节瓜这类品种稍耐低温；夏节瓜适应性较广，品种有大藤、仔鲤鱼和黄毛等；秋节瓜是可以秋植的品种。节瓜开花结果迅速，成熟期早，瓜形较小，便于家庭食用，所以发展较快。

节瓜营养丰富，每百克果肉中含有水分 93.8%，热量 50 千焦，蛋白质 0.7 克，脂肪 0.1 克，碳水化合物 1.5 克，粗纤维 1.2 克，胡萝卜素 0.3 毫克，还含有维生素 B_1、维生素 B_2、烟酸、维生素 E、维生素 C、视黄醇，矿物质钾、钠、钙、镁、铁、锌、铜、锰、磷、硒等。在瓜类蔬菜中，其钠和脂肪含量较低，常食可以起到减肥的作用。

（二）制品加工技术

节瓜老嫩均可供炒、煮食或做汤用，也可以做酱、糖、饮料、蜜饯、果脯、罐头等，但嫩瓜为佳。

1. 节瓜酱

（1）配料

节瓜，糖液，蜂蜜，柠檬酸。

（2）工艺流程

选料→清洗→去皮、去瓤→破碎→加热软化→浓缩→调配→装罐（瓶）→密封→杀菌→冷却→检验→成品

（3）制作要点

① 选料、清洗。选用新鲜、成长良好，充分成熟，无病虫害，肉质紧密肥厚的节瓜为原料。利用流动清水洗净节瓜外表皮上的泥土、杂质、残留农药。清水中可加入 1.0％～2.0％的碳酸氢钠。

② 去皮、去瓤。采用机械或人工去皮，用刀将节瓜纵切成两半，用半弧形刮刀挖去瓜瓤和籽。

③ 破碎。将去籽和瓤的节瓜肉切成小块，投入绞板孔径9～11毫米的绞碎机中，将瓜绞碎。

④ 加热软化。取浓度为 65％～70％的糖液，加入绞碎的节瓜肉中，节瓜肉与糖液的体积比为 1：1.3，加热 20 分钟，使其软化。

⑤ 浓缩、调配。另取浓度为 55％的糖液，加入适量蜂蜜，与软化的节瓜肉混合，加热浓缩，再按 1.0 千克节瓜肉加入 2 克的柠檬酸调节 pH 值到 2.8～3.2，继续加热浓缩至固形物含量达到65％～75％为止。

⑥ 装罐（瓶）。将浓缩的酱液趁热装入经清洗消毒的果酱瓶中。装瓶时酱体温度不低于 85℃，装量要足，每次成品要及时装完。

⑦ 密封、杀菌。装瓶后立即进行密封，然后放入沸水中杀菌10～20 分钟，杀菌完毕后进行冷却。

⑧ 检验。将装好酱的瓶放入 25℃左右保温室内保温 5～6 天，然后检验，合格者即为成品。

特点：酱体呈胶黏状、透明，色泽均匀一致，具有节瓜酱应有的良好风味，无焦味和其他异味。

2. 节瓜糖

（1）配料

节瓜，硬化剂，亚硫酸氢钠、白砂糖。

（2）工艺流程

选料→去皮→切条→浸灰→漂洗→烫煮→糖煮→补烘→包装→成品

（3）制作要点

① 选料。选取瓜肉肥厚、无水波纹的新鲜节瓜为原料。

② 去皮、切条。采用去皮刀刮净瓜皮，然后切成长 60 毫米、宽 10 毫米的条状。

③ 浸灰、漂洗。将切好的瓜条置于容器中，加入浓度3％左右的石灰水浸泡 20 小时左右，捞出置于清水中，经过搅拌，换水几次，至品尝没有涩味即可。

④ 烫煮。将漂洗过的瓜条倒入含 0.2％亚硫酸氢钠的沸水中，烫煮 5 分钟左右，捞出于清水中冷却。

⑤ 糖煮。每 50 千克瓜条加入浓度为 40％的白砂糖溶液 50 千克，入锅后加热煮沸，随时补加少量清水，维持沸点 102℃，15 分

钟，使沸点上升为 104℃，维持 15 分钟，再使沸点上升到 106℃，维持 10 分钟，随即补加白砂糖 10 千克，缓缓煮沸到 128℃，停止加热，捞出，滤净糖液。

⑥ 补烘。迅速将糖煮后的糖瓜条放在工作台面上，用铲反复翻拌至出糖霜面，使瓜条自然冷却，然后再将瓜条以 55～60℃ 补烘干燥至含水量不超过 6%。

⑦ 包装。筛去成品中的碎糖，剔除杂质，用聚乙烯袋以 100克、200 克定量进行包装密封，即为成品。

特点：制品洁白，呈半透明状，色泽一致，四方长条形，表面干燥，糖霜面均匀且无黏结块。糖液渗透均匀，组织饱满不收缩，肉质柔嫩带脆，食用时无明显粗纤维感觉，清甜，具有本品应有的风味，无异味。

3. 节瓜脯

（1）配料

节瓜，硬化剂，糖液，羧甲基纤维素钠，柠檬酸。

（2）工艺流程

原料选择及处理→硬化→第一次糖煮→真空渗糖和浸泡→第二次糖煮→真空渗糖和浸泡→第三次糖煮→真空渗糖和浸泡→干燥→包装→成品

（3）制作要点

① 原料选择与处理。选择皮薄肉厚、肉质致密、表皮光滑、八成熟的节瓜为原料，要求农药残留量不能超过国家标准。将节瓜利用清水洗净，然后用刀削去皮，剖开去籽和瓤，并切成 1.0 厘米×1.5 厘米×3.0 厘米的瓜条。

② 硬化。将切好的节瓜条立即放入饱和石灰水中，在室温下进行硬化处理，时间一般为 24 小时。在此条件下，使产品保持原

有的形状，无异味，同时达到硬化的目的。然后取出用清水冲洗 2 小时，以除去过多的石灰水。

③ 糖煮、真空渗糖和浸泡。将配好的糖液通过胶体磨处理，置于不锈钢夹层锅中，投入硬化的节瓜条，加热至沸腾，然后用小火煮 5～8 分钟。当料液温度降至 50～60℃时，进行真空渗糖，其真空度 0.08 兆帕、时间 20 分钟，然后缓缓放气，并在此糖液中浸泡 12 小时。第二次和第三次糖煮、真空渗糖和浸泡与第一次操作相同。另外，在第三次浸泡时添加 0.05％苯甲酸钠。

三次糖煮所用的糖液浓度分别为 30％、40％、50％，同时在糖液中含有 0.5％羧甲基纤维素钠和 0.2％柠檬酸。

④ 干燥、包装。将糖煮后的节瓜条沥去糖液，放入烘箱中，于 50～60℃的条件下烘干 6～16 小时，使节瓜条含水量降至 18％～20％。经过冷却、包装即为节瓜脯条。

特点：制品呈浅黄色半透明，有光泽，组织饱满，质地柔韧、无杂质、酸甜适口、无异味。

4. 节瓜蜜饯

（1）配料

节瓜，硬化剂，白糖。

（2）工艺流程

选料→去皮→切块成型→腌坯→烫煮→糖渍→第一次糖煮→第二次糖煮→第三次糖煮→成品

（3）制作要点

① 选料。选择充分成熟、无病害虫、无腐烂的节瓜为原料。

② 去皮、切块成型。先将节瓜用刀削去外皮，除去瓜心，再按以下规格成型。

白糖节瓜条蜜饯：切成长 4～5 厘米、宽和厚均为 1～1.5

厘米。

白糖节瓜圆蜜饯：切成直径 3～4 厘米，厚 1 厘米的圆片。

大节瓜蜜饯：切成长 8～10 厘米、厚 3～4 厘米、宽 6～8 厘米。

③ 腌坯。先配制 15％～26％的新鲜石灰水，即 7.5～10 千克新烧制的石灰，加水 40～42.5 千克，让其充分冷却后，投入成型的节瓜块坯腌渍 2～3 天，以节瓜中心充分进入石灰水为准。然后将坯捞出，放入盛装清水的缸内浸泡 4～5 天，每天换水 2 次，并漂洗至无石灰味，捞出沥去水分。

④ 烫煮。将捞出沥去水的节瓜坯，倒入沸水锅中烫煮 15～20 分钟，再次除去坯中的石灰水。

⑤ 糖渍、糖煮。将节瓜坯放入浓度为 60％的白糖溶液中糖渍一天。然后将糖渍的节瓜坯连同糖液移入锅中，加入占总量 15％的白糖煮沸 30 分钟后，继续糖渍一天，次日再加入占总重量 15％的白糖，按上述方法进行第二次糖煮，第三天加入占总重量 20％的白糖煮一天，直到温度达到 110℃时起锅，再移到撒有白糖的案板上迅速用白糖拌合，经冷却后即为成品。

5. 节瓜汁饮料

（1）配料

节瓜、柠檬酸。

（2）工艺流程

选料→去皮、去瓤→切块打浆→榨汁→热处理→澄清→过滤→调配→装罐→排气→密封→杀菌→冷却→成品

（3）制作要点

① 选料。选用新鲜、充分成熟、成长良好，无病虫害，肉质紧密肥厚的节瓜为原料。

② 去皮、去瓤、切块打浆。选好的节瓜用清水洗涤干净后，用不锈钢刀去皮去瓤，然后再切成小块，送入高速粉碎机进行打浆处理。

③ 榨汁、热处理。将得到的节瓜浆液使用螺旋压榨机进行榨汁，然后将瓜汁迅速升温至 95℃，保持 15 分钟灭酶，再冷却至常温。

④ 澄清、过滤。采用静置的方法进行澄清，然后采用压滤机压滤得到澄清节瓜汁。

⑤ 调配。按配料规定量加入各种原料，要求调配节瓜汁中原汁含量为 60%～70%，可溶性固形物 8%～11%，总酸0.05%～0.25%。

⑥ 装罐、排气、密封。将调配好的各种原料进行装罐，然后加热排气并密封，罐中心温度要求不低于70℃。

⑦ 灭菌、冷却。杀菌公式为 5′—0′/100℃。杀菌后迅速进行冷却，即为成品。

特点：制品清澈透明，具有节瓜汁应有的风味，无异味。

6. 节瓜蜂蜜露

（1）配料

节瓜肉 50%，蜂蜜 5%～7%，白砂糖 10%～11%，果胶 0.1%，瓜尔豆胶 0.05%，三聚磷酸钠 0.01%，矿泉水 32%～35%，羧甲基纤维素钠 0.01%。

（2）工艺流程

选料→去皮→清洗→浸泡→切块→去籽瓤→护色→漂烫→打浆→超微粉碎→过滤→配料→均质→脱气→灌装→封口→杀菌→保

温→成品

（3）制作要点

① 选料、去皮。选取无虫疤、无黑斑、无霉变、无污染、无机械损伤的优质节瓜为原料，尤其以含糖量高的节瓜为最佳。采用去皮机或手工去掉瓜表皮。

② 清洗、浸泡。去皮后的节瓜，用清水洗净。然后浸泡在1％食盐水溶液中，防止节瓜变色。

③ 切块、去籽瓤。将去皮、清洗、浸泡后的节瓜采用机械或人工用不锈钢刀对切成4块，然后用不锈钢勺除去籽或瓤。

④ 护色。将节瓜块放在1％柠檬酸水溶液中进行护色处理，使节瓜肉始终呈乳白色，然后捞出沥去水分。

⑤ 漂烫。捞出的节瓜块放入夹层锅沸水中漂烫5分钟，以钝化酶的活性、杀菌、软化瓜肉组织，以利于打浆。

⑥ 打浆、超微粉碎。在双道打浆机中进行打浆，第一道筛网直径为0.8毫米，第二道筛网直径为0.6毫米。然后在超微胶体磨机上进行粉碎，使瓜肉颗粒达到10微米左右。

⑦ 过滤。使用离心机滤去颗粒大的节瓜肉，使之均一化程度提高。

⑧ 配料。按照配料，将各种原辅料放入配料罐中充分搅拌混合。混合时料液温度控制在35～40℃，防止温度过高。

⑨ 均质。将原辅料混合均匀后，送入均质机中，以19.6兆帕的压力进行均质处理，处理后的浆液色白中微青，是节瓜的本色。

⑩ 脱气。真空脱气机控制真空度在90.6～98.6千帕，料液温度为30～35℃脱气时间20分钟。

⑪ 灌装、封口。分别灌装在250毫升玻璃瓶中或5133号铁罐中，顶隙度控制在6毫米左右，以确保罐内的真空度。灌装后立即

用封口机封口。

⑫ 杀菌、保温。杀菌公式为 $5'—15'—5'/100℃$。杀菌后的节瓜蜂蜜露产品放在 37℃ 的温度条件下 5 天后，经检验合格后，即为成品。

7. 节瓜罐头

（1）配料

节瓜、白砂糖、柠檬酸、羧甲基纤维素钠。

（2）工艺流程

选料→清洗→去皮切分→预煮→糖煮→调制→装罐→密封→杀菌→冷却→成品

（3）制作要点

① 选料、清洗。选 8～9 成熟的节瓜为原料，要求形状长圆，皮薄肉厚。用清水洗净瓜表皮的泥沙、杂质及残留的农药。为了提高清洗效果，在清水中可以加入 1%～2% 的碳酸氢钠。

② 去皮切分。采用机械或手工去皮。将节瓜对半进行切分，利用弧形刀去除瓜瓤和籽，然后切成长 5～8 厘米、宽 3～5 厘米的方条。

③ 预煮、糖煮。将节瓜条放入沸水中煮熟后捞出备用，预煮液备用。

将清水烧开，加入适量白糖煮沸，然后投入节瓜条，煮制时间为 10 分钟左右。

④ 调制。将预煮液中加入白糖和柠檬酸调制成酸甜适宜的口味，然后加入 0.1% 羧甲基纤维素钠。

⑤ 装罐。将固形物从糖煮锅中取出，加入罐中，其加量占 500

克胜利瓶体积的 55%，注入预煮液。

⑥ 密封、杀菌。采用热力法进行充分排气。抽气密封要求真空度在 0.013 兆帕以上，杀菌公式为 5′—15′/100℃。杀菌后冷却到 37℃左右，擦净罐后入库，经过检验合格者为成品。

特点：制品呈青白色，无杂色，汁液较透明，允许有少量瓜肉碎屑，具有节瓜特有风味，酸甜适口，无异味，汁液中无糖酸结晶析出。

十三、金丝瓜

（一）概述

金丝瓜又称金瓜、面条瓜、搅瓜，是美洲南瓜的一个变种，因果肉能搅成丝状而得名。原产于北美洲南部，我国在明代时就有栽培。目前栽培的主要为上海崇明的特产"瀛洲金丝瓜"。其果实有两种类型，一是果形较小，椭圆形，果皮和果肉均为金黄色，色深，丝状纤维细致，品质优良，但产量低；另一类果实较大瓜略长，呈筒状，嫩瓜皮为白色，老熟后呈黄色，皮和肉色泽均较淡，丝状纤维较粗，品质较差，但产量较高。除此而外，北方地区尚有"面菱瓜"品种，主要产于河北、山东、江苏北部等地区，生长势强，果实椭圆形，成熟后果实皮呈淡黄色，亦有底色橙黄间有深褐色纵条纹的，肉质黄色，呈丝状纤维，入水煮熟后，用筷子一搅，取出如面条一样，肉质为金丝状，凉拌食之，松脆如海蜇，有"素海蜇"的美称。

金丝瓜营养丰富。每百克食用部分含蛋白质 11.5 克，脂肪 1.47 克，可溶性糖 48.39 克，其他组成成分与美洲南瓜相类似，与其他瓜类蔬菜相比，营养价值颇高。

（二）制品加工技术

金丝瓜因果肉能搅成丝状而得名，其加工方法多种，可凉拌，还可炒、干制、速冻等。现将各种加工方法列述于后。

1. 炒金丝瓜

（1）配料

金丝瓜 1 个，虾皮 50 克，豆油 30 克，酱油、葱丝各 20 克，白糖、醋各 5 克，香油 15 克，味精适量。

（2）工艺流程

原料处理→煮制→取瓜丝沥干→炒制→调配→成品

（3）制作要点

① 原料处理。将金丝瓜清洗干净，剖成两半，去除瓜瓤。

② 煮制、取瓜丝沥干。将去瓤后的金丝瓜放入锅中，加水煮熟、捞出瓜丝，沥干水分。

③ 炒制。炒锅放置旺火上，放入豆油，烧至七成热时，投入葱丝、虾皮煸炒出香味。

④ 调配。煸炒出香味后，加入金丝瓜丝略炒，放入酱油、白糖、味精，再炒至入味，淋入醋和香油，颠覆均匀，起锅，即为成品，可装盘上桌供食。

特点：制品色泽金黄，质地脆嫩，清香微甜。

2. 葱油金丝瓜

（1）配料

金丝瓜一个，葱、花生油各 50 克，食盐 5 克，味精 2 克，胡椒粉 1 克。

（2）工艺流程

原料处理→蒸制→取瓜丝→调制→炒制→成品

（3）制作要点

① 原料处理。将金丝瓜用清水洗涤干净，一剖两半，挖去瓤部。

② 蒸制。挖去瓤的金丝瓜放笼屉中，上蒸锅用旺火蒸 8～10 分钟后，取出用冷水冲净。葱洗净后切成末。

③ 取瓜丝、调制。用冰水冲净金丝瓜，搅出瓜丝放入碗内，加入食盐、味精、胡椒粉拌均匀。

④ 炒制。炒锅置于火上，放入花生油，烧至五成热时，放入葱末略煸后，将金丝瓜丝倒入拌匀，即为成品，可装盘上桌供食。

特点：制品色泽金黄，脆嫩爽口，风味别具。

3. 金丝瓜干

（1）配料

金丝瓜，护色液。

（2）工艺流程

原料选择→清洗→剖开→蒸煮→取丝→护色沥水→打团速冻→真空干燥→包装→抽真空充氮→封口贮藏

（3）制作要点

① 选择原料、清洗。将选取的金丝瓜用清水冲洗干净，除去附着的泥沙、杂物。

② 剖开、蒸煮、取丝。将清洗后的金丝瓜用不锈钢刀切开，去籽、去瓤，放入锅中蒸煮 30 分钟，取出瓜丝。

③ 护色沥水。将取出的瓜丝放入 0.5％抗坏血酸和 0.5％柠檬酸配制的护色液中浸泡 15～20 分钟，然后捞出，在中速离心机中

甩干水。

④ 打团速冻。经沥干水分的金丝瓜丝，按 150 克重量打成一团，进行排料装盘。以低于金丝瓜共晶点（－24～－23℃）温度为冻结温度，冻结 1～2 小时，使瓜丝彻底冻透。

⑤ 真空干燥。将冻结的瓜丝迅速推入准备好的冻干机中，立即开始抽真空。干燥室真空在 90 帕以下，达到压力后按设定的加热曲线加热：100℃ 3 小时→90℃ 2.5 小时→80℃ 2.5 小时→70℃ 3 小时→55℃ 2 小时进行冻干。整个冻干周期为 13～14 小时。

⑥ 包装、抽真空充氮、封口贮藏。冻干结束后，取出料盘，将合格瓜丝团立即装入铝箔袋中，然后抽真空充氮气密封包装，避光贮存。因冻干瓜丝吸潮性较强，所以包装环境要求干燥。

特点：产品呈自然丝状，色泽黄，具有良好的复水性。

4. 速冻金丝瓜

（1）配料

金丝瓜，食盐、柠檬酸。

（2）工艺流程

原料清洗→冻结取丝→烫漂冷却→沥水包装→速冻冷藏

（3）制作要求

① 原料清洗。将选取的金丝瓜用清水冲洗，除去附着的泥沙和杂质。

② 冻结取丝。将洗净沥干水的金丝瓜，放在冷库中进行冷冻（冷冻温度为－5℃）后，再放在 10～20℃ 或 30～40℃ 温水中解冻。然后将瓜横切成两半，去除籽和瓜瓤，制成瓜丝，去除杂质。

③ 烫漂冷却。将取得的瓜丝投入 0.2% 食盐、0.05% 柠檬酸和水配成的烫漂液中，烫漂温度为 90～95℃，时间为 30～50 秒。烫漂时间过长或不及时冷却，会使瓜丝在贮藏中变色、变味，脆度下

降，并使贮藏期缩短；烫漂时间过短，起不到杀菌和杀酶的作用。将烫漂过的金丝瓜丝捞出，放在 0℃ 冷水池或缸中冷却，不断翻动或采用机械法使水循环流动。

④ 沥水包装。经过烫漂冷却处理的瓜丝置于不锈钢网架上沥干水分。一般称取 0.5 千克瓜丝，用食品用的塑料袋包装封口。

⑤ 速冻冷藏。将包装好的瓜丝送入 －32℃ 速冻机中进行迅速冻结。一般冻品进货平均温度为 15℃，出货温度 －18℃。速冻小包装瓜丝放入 10 千克计量的防水外包装纸箱中，封箱，打包，捆扎，在 －18℃ 以下贮藏。

特点：制品瓜丝体形完整，色泽金黄至黄色，解冻后瓜丝保持良好脆性。

十四、西葫芦

（一）概述

　　西葫芦即美洲南瓜，又名葫芦、菱瓜、白南瓜、番瓜、搅瓜。原产于拉丁美洲，19世纪中叶我国开始栽培，现在世界各地均有分布，欧、美洲栽培最为普遍。我国西北地区栽培较多，东北、华北、华东、西南等地均有栽培。而瓠瓜是葫芦的一个变种，我国自古就有栽培，分布甚广，但以南方为主。

　　西葫芦瓜营养丰富，每百克食用部分含热量75千焦，蛋白质0.8克，脂肪0.1克，碳水化合物3.8克，粗纤维1.0克，灰分0.4克，还含有胡萝卜素、维生素A、维生素B_1、维生素B_2、维生素B_6、维生素K、维生素E、维生素C、叶酸、泛酸、尼克酸，矿物质钾、钠、钙、镁、铁、锌、铜、锰、磷、硒以及瓜氨酸、天冬氨酸、谷氨酸等16种氨基酸，巴碱、腺嘌呤，对人体有保健作用。

　　葫芦瓜味甘，性平、无毒。具有清热利尿、生津止渴、消肿散结的功效。可用于消渴、恶疮、鼻口溃疡、烂痛、利尿、清血，可除烦，治心热，利小肠，润心肺，治泌尿系统结石。

（二）制品加工技术

　　西葫芦的食法较多，有拌、炒、炝、扒、烧、炖、焖、做汤及制馅、制罐头等。它是瓜类蔬菜中食用广泛的一种。

1. 茄汁西葫芦酱

（1）配料

西葫芦、番茄酱、青菜、洋葱、食盐、食用油。

（2）工艺流程

选料→预处理→漂烫→绞碎→熬煮→制酱→装罐→密封→杀菌→冷却→成品

（3）制作要点

① 选料。选用鲜嫩、无病虫害、无霉烂、成熟适中的西葫芦为原料。选用番茄酱须呈红色，没有皮和籽。青菜、洋葱须新鲜，无病虫害和机械损伤。食盐洁白干燥。食用油应无色透明、无异味。

② 预处理。将西葫芦放入流动清水中洗净，用刀削去柄蒂，刮掉外皮，剖开，掏净籽和瓤，再切成片。把洋葱去皮，切片，用食用油炸成淡金黄色。把青菜摘掉黄叶，洗净切碎。

③ 漂烫、绞碎。将西葫芦放进高压锅中，在100℃沸水中漂烫软化，然后放进筛孔直径为2～3毫米的绞碎机中绞碎，成为西葫芦蓉，内含干物质5%～6%。

④ 熬煮。将西葫芦蓉放在夹层锅中进行熬煮，浓缩至干物质含量为7%。熬煮时要经常搅拌。

⑤ 制酱。将西葫芦蓉装进搪瓷桶中，加入番茄酱、青菜、洋葱、食盐、食用油，充分搅拌均匀。

⑥ 装罐、密封。选用800号涂料罐，装入80℃西葫芦酱340克，立即进行密封。

⑦ 杀菌、冷却。密封后立即进行杀菌，杀菌温度为95～100℃，时间为20分钟。然后冷却到40℃左右即为成品。

2. 奶油西葫芦蓉

（1）配料

西葫芦、牛奶、奶油、精面粉、白砂糖、食盐。

（2）工艺流程

原料选择→洗涤→切除蒂柄→去皮→剖半、去籽瓤→浸漂→蒸烫→切条→绞碎→熬煮→调味乳汁配制→混合→装罐→密封→杀菌→冷却→成品

（3）制作要点

① 原料选择。西葫芦选用长 12～16 厘米、粗 5～6 厘米以下的原料，剔除粗老、病虫害、霉烂和机械损伤者。表皮色泽不同者另行加工。进厂原料必须在 36 小时内加工完毕。

② 洗涤、切除蒂柄、去皮。将西葫芦放在流动水中冲洗干净，用不锈钢刀去蒂柄、瓜蔓，刨去表皮，挖去凹陷或疤痕部分，切下的瓜肉厚度应不超过 1 厘米。

③ 剖半、去籽瓤。用刀将西葫芦对剖成两半，掏净籽和瓤，如有粗老者应剔除。再切成块备用。

④ 浸漂、蒸烫。将西葫芦块浸没在 1% 食盐水中 5 分钟，翻动 1～2 次，捞出，在流动水中浸洗。洗后的西葫芦块放入钢丝盘中，置于锅内，盖严，在 100℃ 条件下蒸烫 30～40 分钟。

⑤ 切条、绞碎。将蒸烫后的西葫芦块切成条状，除去疤痕、虫害、严重机械损伤部分，然后将西葫芦条粉碎。粉碎的西葫芦蓉应含 5%～6% 的干物质。

⑥ 熬煮。将绞碎的西葫芦蓉在双层锅内进行熬煮，浓缩至含干物质 7%。在熬煮过程中要经常搅拌，以免焦煳。

⑦ 调味乳汁的配制。将事先烘干或炒拌的精面粉徐徐加入融化的奶油中，不断搅拌，加入牛奶、食盐和白砂糖，煮沸 2～3 分

钟，出锅。

生产 1000 罐净重为 340 克和 312 克的奶油西葫芦蓉罐头所需调味汁配料如下。

340 克装的配方是：牛奶 59.5 千克，占 70%；精面粉 4.25 千克，占 5%；白砂糖 2.55 千克，占 3%；奶油 17 千克，占 20%；食盐 1.7 千克，占 2%。合计用料 85 千克。

312 克装的配方是：牛奶 54.6 千克，占 70%；精面粉 3.9 千克，占 5%；白砂糖 2.35 千克，占 3%；奶油 15.6 千克，占 20%；食盐 1.55 千克，占 2%。合计用料 78 千克。

⑧ 混合。按西葫芦蓉 75% 与调味乳汁 25% 的重量比例，放入双层锅或搪瓷桶中，搅拌均匀，即为奶油西葫芦蓉。

⑨ 装罐、密封。将温度为 75～80℃ 的奶油西葫芦蓉装入 312 克或 340 克的罐中，边装边封口，逐罐检查。

⑩ 杀菌、冷却。装好的罐头封口后及时进入杀菌锅，其间不超过 30 分钟，杀菌温度为 95～100℃。杀菌后冷却至 40℃ 即可出锅，涂防锈油，即可入库作为成品。

参 考 文 献

[1] 封长虎．美味家常瓜菜．北京：中国农业出版社，1997.

[2] 烹调基础知识编写组．烹调基础知识．北京：北京出版社，1999.

[3] 曹汝德．吃的学问．北京：气象出版社，1999.

[4] 孔庆霞主编．四季饮食养生．北京：中央编译出版社，2002.

[5] 张慧，郑昌江等．家常蔬菜菜谱．昆明：云南科学技术出版社，2002.

[6] 封长虎等．美味家常菜．北京：金盾出版社，2003.

[7] 刘世民．黄瓜酸奶的研制．食品科技，2004（4）：76～77.

[8] 周红等．冬瓜复合饮料的研制．石河子大学学报，2001，3（5）：243～245.

[9] 周红等．冬瓜彩珠饮料的加工技术．饮料工业，2000，3（4）：41～43.

[10] 王微，任秀珍．南瓜醋蜜的研制．北方园艺，2005，（5）：88.

[11] 李宏高，牛育华等．发酵型南瓜醋饮料工艺研究．食品科学，2009，（2）：46～99.

[12] 周新平．发酵南瓜果肉酸奶冰淇淋的生产工艺．农产品加工，2007，（3）：32～33.

[13] 彭凌．人参果、南瓜复合汁饮料的研制．粮油加工与食品机械，2003，（10）：89～90.

[14] 王辰，严奉伟等．西瓜番茄苦瓜复合汁饮料的研制．饮料工业，2000，3（3）：31～32.

[15] 马小明，林煜等．苦瓜汁清凉饮料的研制．食品工业科技，2004，25（1）：76～77.

[16] 汝医，祁国栋．苦瓜凉茶加工工艺．农牧产品开发，2000，（1）：15～16.

[17] 刘云宏，董铁有等．丝瓜、枸杞保健饮料的研制．山东食品科技，2004，（2）：16～18.

[18] 李青春，贺稚菲．丝瓜乳酸菌饮料的研制．农牧产品开发，2000，（11）：23～24.

[19] 马挺军，吕飞杰等．速溶木瓜晶的工艺研究．食品科技，2004，（2）：75.

[20] 王文平，王明力．番木瓜酸奶加工工艺的研究．食品工业科技，2004，25（8）：105～106.

[21] 李鸿番．木瓜果奶的研制．食品工业科技，2000，21（3）：38～39.

[22] 张雁等．速溶番木瓜固体饮料的加工工艺．江苏食品与发酵，2001，（1）：1～2.

[23] 孟宏昌，阎少辉等．丝瓜营养保健冰淇淋的研制．食品研究与开发，2008，（10）：64～66.

[24] 胡永金，杨华松．甜瓜发酵饮料的研究．现代食品科技，2009，（12）：1458～1461.

［25］ 倪志婧，马文平．甜瓜果酒酿造工艺研究．安徽农业科学，2011，（11）：6534、6535.

［26］ 刘福林，王洪新等．哈密瓜饮料的研制．食品工业科技，2008，（8）：191～193.

［27］ 相炎红，王垚等．哈密瓜乳饮料的工艺研究．中国乳品工业，2011，（1）：56～58.

［28］ 王治同，林柯等．冰哈密瓜酸奶的研制．食品研究与开发，2012（1）.

［29］ 杜连启．瓜类食品加工技术．北京：化学工业出版社，2014.